教育部高等学校航空航天类专业教学指导委员会推荐教材
航空航天类专业应用型人才培养教材

航空可靠性技术

李景奎　江秀红　主编

北京航空航天大学出版社

内 容 简 介

本书主要阐述可靠性工程技术的基本理论、研究方向以及实施方法,紧密结合航空工业应用,以飞行器系统、结构和零部件为主要算例,详细介绍可靠性工程基础知识和解决方案。本书主要内容包括可靠性基本理论、结构可靠性设计、系统可靠性、可靠性预计和分配、故障模式分析、故障树分析和可靠性数据分析等几个方面。

本书可作为飞行器质量与可靠性专业的本科教材,也可作为高等院校可靠性相关专业的本科教材或参考资料,以及相关专业的研究生教材。

图书在版编目(CIP)数据

航空可靠性技术 / 李景奎,江秀红主编. -- 北京：
北京航空航天大学出版社,2023.8
ISBN 978 - 7 - 5124 - 4157 - 6

Ⅰ. ①航… Ⅱ. ①李… ②江… Ⅲ. ①航空航天工业
—可靠性工程—教材 Ⅳ. ①V1

中国国家版本馆 CIP 数据核字(2023)第 163525 号

航空可靠性技术

李景奎　江秀红　主编

策划编辑　周世婷　　责任编辑　孙兴芳

*

北京航空航天大学出版社出版发行

北京市海淀区学院路 37 号(邮编 100191)　http://www.buaapress.com.cn
发行部电话:(010)82317024　传真:(010)82328026
读者信箱:goodtextbook@126.com　邮购电话:(010)82316936
北京富资园科技发展有限公司印装　各地书店经销

*

开本:787×1 092　1/16　印张:9.25　字数:231 千字
2023 年 9 月第 1 版　2025 年 1 月第 2 次印刷
ISBN 978 - 7 - 5124 - 4157 - 6　定价:32.00 元

航空航天类专业应用型人才培养教材
编 委 会

主　任：蔡国飙

副主任：郑　耀　廖文和　杨智春　刘　莉　梁国柱

委　员（按姓氏笔画为序排列）：

马贵春　王　振　王　琦　王细洋　艾延廷

孙　刚　李　志　邱福生　张彦军　陈仁良

陈霖周廷　赵延永　贾宝惠　钱战森　高为民

董彦非

前　言

随着科学技术的飞速发展，人们对产品的质量越来越重视。尤其是航空产业及民航事业，对产品的可靠性要求越来越高。中国航空学会可靠性工程分会从1987年开始，坚持每两年召开一次学术年会。中国民航总局出台了多部适航法规，要求各类飞行器必须按照适航标准进行适航认证。

可靠性是贯穿于产品全生命周期的重要工作内容和参数指标。从产品方案设计、材料选择、加工制造到产品成型、使用和维修，可以说每个环节都需要可靠性的重要参与。可靠性除了与产品的质量、寿命、经济性关联较大以外，与产品的安全有着更加密切的关系。尤其是载人飞行器方面，可靠性是人、机安全保障必不可少的技术手段。

本书从可靠性基本理论和应用入手，结合飞行器系统、结构和典型零部件，为飞行器质量与可靠性相关专业的初学者打下理论基础。全书共8章，第1章为绪论，主要介绍可靠性的基本概念、发展历史和工程应用情况；第2章为可靠性基本理论，主要介绍可靠性基本特征与术语、度量和表征以及可靠性基本参数；第3章为结构可靠性设计，主要介绍结构可靠性设计的基本方法；第4章为系统可靠性，主要介绍系统可靠性建模及分析方法；第5章为可靠性预计和分配，主要介绍可靠性预计的一般方法和可靠性分配的方法；第6章为故障模式分析，主要介绍故障模式分析的基本方法；第7章为故障树分析，主要介绍故障树分析的基本方法；第8章为可靠性数据分析，主要介绍可靠性估计以及数据拟合和分布检验的一般方法。

本书在编写过程中，参考并借鉴了国内外优秀论文、教材、专著及最新文献，在此向原作者表示衷心的感谢和由衷的敬意。林文杰、卢雨泽、刘晓娜、杨筱熙、高虞玲、王瀚征、唐韵淇、仇思语、刘智斌等人参与了本书的编写与校对工作，在此一并表示感谢。

由于作者水平有限，编写时间比较仓促，难免存在不足和错漏之处，敬请批评指正。

作　者
2023 年 3 月

目　　录

第1章　绪　论…………………………………………………………………………… 1

1.1　可靠性的基本概念 ………………………………………………………………… 1

1.2　可靠性的发展历史 ………………………………………………………………… 2

1.2.1　国外可靠性的发展历史 ……………………………………………………… 2

1.2.2　我国可靠性的发展历史 ……………………………………………………… 3

1.3　可靠性的分类 ……………………………………………………………………… 4

1.4　飞机可靠性的特点 ………………………………………………………………… 7

课后复习题 ……………………………………………………………………………… 8

第2章　可靠性基本理论 ………………………………………………………………… 9

2.1　可靠性术语 ………………………………………………………………………… 9

2.2　可靠性特征量 ……………………………………………………………………… 16

2.2.1　可靠度 $R(t)$ ………………………………………………………………… 16

2.2.2　累积失效概率 $F(t)$ ………………………………………………………… 18

2.2.3　失效概率密度 $f(t)$ ………………………………………………………… 19

2.2.4　失效率 $\lambda(t)$ ……………………………………………………………… 19

2.2.5　$R(t)$、$F(t)$、$f(t)$ 和 $\lambda(t)$ 之间的关系 …………………………… 21

2.2.6　寿　命 ………………………………………………………………………… 22

课后复习题 ……………………………………………………………………………… 24

第3章　结构可靠性设计 ………………………………………………………………… 25

3.1　结构可靠性概述 …………………………………………………………………… 25

3.1.1　基本随机变量 ………………………………………………………………… 25

3.1.2　结构可靠性设计的流程 ……………………………………………………… 27

3.1.3　结构可靠性设计的基本概念 ………………………………………………… 28

3.2　机械结构可靠性 …………………………………………………………………… 30

3.2.1　机械结构可靠性模型的建立 ………………………………………………… 30

3.2.2　应力与强度均为正态分布的可靠性计算 …………………………………… 31

3.3　一次二阶矩法 ……………………………………………………………………… 33

3.3.1　均值点法 ……………………………………………………………………… 33

3.3.2　改进的一次二阶矩法(验算点法,FORM) ………………………………… 35

3.3.3　当量正态化法(JC 法) ……………………………………………………… 39

3.4 二次二阶矩法 ……………………………………………………… 42

3.5 响应面法 ……………………………………………………… 45

3.6 蒙特卡罗法 ……………………………………………………… 47

课后复习题 ……………………………………………………… 47

第4章 系统可靠性 ……………………………………………………… 48

4.1 系统可靠性框图及其特点 ……………………………………………………… 48

4.2 典型串并联系统的可靠性模型 ……………………………………………………… 50

4.2.1 结构函数 ……………………………………………………… 50

4.2.2 串联系统可靠性模型 ……………………………………………………… 50

4.2.3 并联系统可靠性模型 ……………………………………………………… 51

4.2.4 典型混联系统可靠性模型 ……………………………………………………… 52

4.3 一般系统可靠性分析 ……………………………………………………… 54

4.3.1 最小路集分析法 ……………………………………………………… 55

4.3.2 全概率分析法 ……………………………………………………… 57

4.3.3 状态枚举法 ……………………………………………………… 57

4.3.4 蒙特卡罗法 ……………………………………………………… 59

4.4 表决系统 ……………………………………………………… 63

4.5 储备系统 ……………………………………………………… 65

课后复习题 ……………………………………………………… 67

第5章 可靠性预计和分配 ……………………………………………………… 68

5.1 可靠性预计的目的 ……………………………………………………… 68

5.2 可靠性预计的程序 ……………………………………………………… 69

5.3 可靠性预计的一般方法 ……………………………………………………… 69

5.3.1 单元可靠性预计 ……………………………………………………… 69

5.3.2 系统可靠性预计 ……………………………………………………… 71

5.4 可靠性分配的原则 ……………………………………………………… 76

5.5 可靠性分配的方法 ……………………………………………………… 77

5.5.1 串联系统的可靠性分配 ……………………………………………………… 77

5.5.2 可靠度再分配 ……………………………………………………… 83

5.5.3 并联冗余单元系统的可靠性分配 ……………………………………………………… 85

课后复习题 ……………………………………………………… 88

第6章 故障模式分析 ……………………………………………………… 89

6.1 故障模式分析的基本概念 ……………………………………………………… 89

6.2 故障模式分析程序 ……………………………………………………… 90

6.3 失效模式、影响及危害性分析程序 ……………………………………………………… 91

　　　6.3.1　失效模式和影响分析 ································ 91
　　　6.3.2　危害性分析 ···································· 93
　　　6.3.3　危害性矩阵 ···································· 95
　　课后复习题 ·· 100

第7章　故障树分析 ·· 101
　7.1　故障树的建造 ······································ 101
　　　7.1.1　基本概念及符号 ································ 101
　　　7.1.2　建立故障树的基本方法 ·························· 102
　7.2　故障树的数学描述 ·································· 105
　　　7.2.1　故障树的结构函数 ······························ 105
　　　7.2.2　故障树与可靠性框图的等价关系 ·················· 107
　7.3　故障树的定性分析 ·································· 108
　　　7.3.1　割集与最小割集,路集与最小路集 ·················· 108
　　　7.3.2　用最小割集与最小路集表示故障树结构函数 ············ 109
　　　7.3.3　最小割集的求解 ································ 109
　　　7.3.4　最小路集的求解 ································ 111
　7.4　故障树的定量分析与计算 ···························· 112
　　　7.4.1　由各单元的失效概率求系统的失效概率 ·············· 112
　　　7.4.2　单元重要度及其在设计中的应用 ·················· 113
　　课后复习题 ·· 117

第8章　可靠性数据分析 ···································· 119
　8.1　可靠性数据分析基础 ································ 119
　　　8.1.1　可靠性数据分析的基本方法和流程 ················ 120
　　　8.1.2　可靠性数据的收集 ······························ 121
　　　8.1.3　可靠性数据的初步整理分析 ···················· 123
　8.2　指数分布的统计推断 ································ 125
　　　8.2.1　指数分布的拟合优度检验 ···················· 125
　　　8.2.2　指数分布的单元可靠度评估 ·················· 127
　8.3　威布尔分布的统计推断 ······························ 129
　　　8.3.1　威布尔分布的拟合优度检验 ···················· 129
　　　8.3.2　威布尔分布的单元可靠度评估 ·················· 131
　　课后复习题 ·· 134

参考文献 ·· 135

第1章 绪 论

1.1 可靠性的基本概念

我国国家标准 GB 3187—1982 中对可靠性的定义为：产品在规定的条件下、规定的时间内完成规定功能的能力。美军标 MIL-STD-785B 对可靠性的定义为：产品在规定的条件下、规定的时间内完成规定功能、无故障工作的能力。国际电气和电子工程师协会（Institute of Electrical and Electronics Engineers，IEEE）将可靠性定义为：The ability of a system or component to perform its required functions under stated conditions for a specified period of time。由此可以看出，可靠性涉及产品、规定的条件、规定的时间、规定的功能和能力 5 个因素。

1. 产 品

产品指硬件和流程性材料等有形产品以及软件等无形产品。一般来说，产品即为我们所要研究的对象，例如飞机整机、飞机发动机、机翼、起落架、航电系统、飞控系统、仪器仪表等，甚至是构成飞机的某个螺栓、轴、轴承、钣金件、冲压件、管线等；同时可以是构成飞机零部件的材料，如金属材料、复合材料、航空燃油等；也可以是零部件加工制造过程中的工艺规程、制造参数、装配参数等隐性产品。

2. 规定的条件

规定的条件主要包括环境条件及使用条件等。环境条件，比如民用飞机在飞行过程中飞行的高度、气候、能见度、雷暴天气、风向及风力大小等。使用条件包括负载情况和工作情况，比如机上乘客多少、货物及配平、起飞、降落、巡航状态，以及飞机的起飞间隔、航线的长短等。又比如航空发动机的工作环境是高温高压，其使用条件是在每次执行飞行任务时，发动机高转速运转，所受的载荷复杂多变。规定条件对产品的可靠性有着直接影响。在不同的使用条件下，同一产品的可靠性也可能会发生变化。因此，讨论产品的可靠性时一定要明确规定工作条件。

3. 规定的时间

规定的时间指产品的工作时间。这里的工作时间具有广义性，除了包括一般意义上的年、月、日、小时、分、秒以外，还包括周期、次数、里程等。例如飞机每次飞行的飞行小时数、飞行里程数、航空电子元器件的开关次数等。规定时间是可靠性定义的核心，规定时间的长短通常根据具体产品对象的变化、使用目的的变化而发生变化。例如，某航线由原计划空客某型飞机改为波音某型飞机，则飞行时间要适当进行调整；同样，某航班飞行不同的航线，其飞行时间也需要改变。因此，讨论可靠性时必须事先规定任务时间。

4. 规定的功能

规定的功能指产品具有的功能和技术指标，一般指产品规格书中给出的正常工作性能指标。规定的功能是对产品故障判断的依据。通常用产品的各种性能指标来描述产品的功能。例如,某型航空发动机的最大推力为 12.5 t,涵道比为 2.42∶1,翻修寿命为 3 000 h;美国 F-22 战斗机使用的 F-119 发动机的推重比为 11.0 等。

5. 能　力

能力指完成规定功能的可能性或者概率。能力可以是各种可靠性指标,这些指标是对可靠性的定量描述,以便说明产品可靠性的程度。常用的可靠性指标有"可靠度"、"平均寿命"和"失效率"等。

安全性、经济性、舒适性和环保性是民用飞机的四大基本属性。其中,安全性是民用飞机的根本,是飞机制造生产、运营使用、维修保养等各个单位生存和发展的基础。民用飞机一旦离开安全性,一切都将毫无意义。可靠性是安全性的保障,确保飞机能够安全飞行与起降,也就是说,能够保证飞机正常工作。

飞机的可靠性可以如下定义:可靠性是飞机按设计状态与使用、维护、修理、贮存和运输条件,在描述完成飞行任务能力所有的参数规定值范围内,在某一时间里保持的一种特性。

飞机的可靠性工程一般从以下三方面考虑:首先是可靠性设计。飞机的设计方案和质量决定了它的固有可靠性。设计飞机时,有必要进行可靠性设计,包括对飞机操作系统的可靠性分析和预测,向飞机各部件分配可靠性指标,进行可靠性设计。其次是可靠性管理。对飞机的研制、试验、生产实行全面质量管理,是保证飞机固有可靠性的根本措施。其内容包括:可靠性的信息收集、反馈与处理,在飞机研制各阶段进行评审,对工作人员进行可靠性教育,实施生产质量控制等。只有经过全面质量管理,才能制造出高质量的飞机。最后是可靠性试验。飞机的可靠性试验包括可靠性摸底、筛选、鉴定和验收试验。

1.2　可靠性的发展历史

1.2.1　国外可靠性的发展历史

可靠性的发展历史与飞机的发展历史密不可分。可靠性的概念的提出最早起源于航空领域。1939 年,英国航空委员会提出,飞机由于各种原因造成的事故概率不得超过 0.000 01/h,也就是说,飞机在 1 h 内的可靠度为 99.999%,这是首次将飞机的可靠性作为概率的概念提出的。德国在 V1 火箭的研制过程中最早提出可靠性系统工程理论,即串联系统乘积定律。因此,V1 火箭的整体可靠度达到了 75%,成为第一个在研制过程中使用可靠性理论的航空器。

第二次世界大战期间,由于可靠性所引起的故障导致的飞机损失达 21 000 多架,远远高于战争中被击落的飞机架数。德国的 V2 火箭有部分在到达攻击目的地之前就坠落了,甚至有些在起飞前就发生了爆炸。美国当时的航电设备大约 60% 不能正常工作,50% 的机载电子设备在贮存期间发生故障。于是,基于电子元器件的可靠性研究拉开序幕,可靠性研究正式起步。

1950 年,美国成立"电子设备可靠性专门委员会",1952 年成立"电子设备可靠性咨询小组",这就是著名的 AGREE。1957 年,AGREE 发布了《军用电子设备可靠性报告》,该报告成为可靠性工程发展的奠基性文件。1954 年,美国召开了第一届可靠性与质量管理学术会议,1962 年召开了第一届可靠性与维修性学术会议以及第一届电子设备故障物理学术会议,将可靠性的研究拓展到了维修性与产品故障机理方面的研究。美军相继发布了关于可靠性方面的相关标准,1961 年发布 MIL-R-27542《系统、分系统及设备的可靠性大纲》;1962 年发布 MIL-HDBK- 217《电子设备可靠性预计》并随着技术的发展进行持续修改;1963 年发布 MIL-STD－781《可靠性试验(指数分布)》,并于 1965 年修改为 MIL-STD－781A;1967 年进一步修改为 MIL-STD－781B《可靠性设计鉴定试验及产品验收试验(指数分布)》;1965 年发布 MIL-STD－785《系统与设备的可靠性大纲要求》,1969 年发布 MIL-STD－785A,1980 年又发布 MIL-STD－785B。1969 年美国阿波罗飞船成功登月,美国宇航局将可靠性工程列为三大技术成就之一。

1956 年日本引进可靠性技术,1958 年成立可靠性研究委员会,1960 年成立可靠性及质量管理专门小组,1971 年召开第一届可靠性学术会议。1961 年苏联在第一艘载人宇宙飞船上提出了其可靠度达到 0.999 的具体要求,并于 1964 年举办了第一届可靠性学术会议。1962 年英国创办了《可靠性与微电子学》杂志,同年法国成立了可靠性中心,并创办了《可靠性》杂志。1965 年,国际电子技术委员会设置了可靠性技术委员会,1977 年更名为可靠性与维修性技术委员会。

这一时期奠定了可靠性技术国际化发展的理论基础和工程拓展。可靠性工程开始由军事领域走向民用领域的各个行业,可靠性理论逐渐发展,可靠性技术不断完善。

20 世纪七八十年代,可靠性技术获得了快速发展。美国于 1970 年建立了政府机构与工业部门数据交换网(GIDEP),欧洲于 1974 年建立了电子元器件性能验证试验数据交换网(EXACT),并与 GIDEP 实现数据互联。"大数据"的交换对可靠性试验及数据分析做出了重要贡献。1975 年美国成立生产性、可靠性、有效性和维修性计划办公室。1980 年美国国防部首次颁布可靠性及维修性指令 DODD5000.40《可靠性及维修性》。这个时期,可靠性研究随着科技的发展得到迅速展开,可靠性增长试验、寿命加速试验、可靠性数据分析、故障模式分析、失效机理分析等相关可靠性工程研究进步飞快。例如波音公司研究出故障树的计算机程序,大大降低了飞机的故障率。

进入 21 世纪,随着科学技术、计算机和网络资源的普及,可靠性技术进入非常成熟的应用阶段。航空航天、机械、电子、软件、管理等各个工程领域都引入了可靠性工程技术,大大提高了产品的质量。可靠性技术也越来越细化,在各个研究方向都有大量的工程技术人员和科技人员从事深入的研究工作。

1.2.2 我国可靠性的发展历史

我国可靠性的研究工作是从 1955 年电子工业部第五研究所(工业和信息化部电子第五研究所,中国赛宝实验室,中国电子产品可靠性与环境试验研究所,英文缩写为 CEPREI)的建立开始的。1964 年举办了第一次可靠性培训会议,从 1973 年起,在原国防科工委的组织和指导下,召开了多次可靠性工作会议。1965 年七机部在钱学森的建议下成立了可靠性质量管理研究所。1978 年提出了"七专"计划(七专指:专人、专机、专料、专批、专检、专技、专卡或专线)。1976 年我国颁布了第一个可靠性标准《可靠性名词术语》(SJ 1044—76),这是国家标准

GB 3187—1982《可靠性基本名词术语及定义》的前身,后来历经多次修改。1978 年发布了第一个可靠性试验方法系列标准《寿命试验和加速寿命试验》(SJ 1432～1435—78)。1979 年颁布了第一个可靠性国家标准《电子元器件失效率试验方法》(GB 1772—1979)。1980 年在国防科工委的支持下,建立了我国第一个可靠性数据交换网。1984 年国防科工委组织了航空技术装备的寿命和可靠性研究工作,1985 年发布了《航空技术装备寿命和可靠性工作暂行规定》和《航空发动机寿命和可靠性工作暂行办法》,在航空工业开展了一系列可靠性相关研究工作。1987 年发布《电子设备可靠性预计手册》(GJB 299—1987),1991 年修订为 GJB/Z 299A—1991,1998 年修订为 GJB/Z 299B—1998,2006 年修订为 GJB/Z 299C—2006。该手册的作用相当于美军标的 MIL-HDBK-217。截止到目前,我国可靠性各类各级标准共 609 条,现行 376 条。

1980 年成立了第一个可靠性学术团体——全国电子产品可靠性与质量管理专业委员会,1981 年成立了可靠性数学专业委员会,1982 年成立了全国电工电子可靠性与维修性标准化技术委员会,1987 年中国航空学会成立了可靠性工程分会。目前,我国具有重要学术影响的七大学术团体(中国航空学会、中国现场统计学会、中国机械工程学会、中国仪器仪表学会、中国电子学会、中国兵工学会、中国宇航学会)均成立了可靠性工程分会。

1990 年,机械电子工业部召开了机械基础产品行业科技进步工作会议,提出了"以科技为先导,以质量为主线"的工作方针,抓好可靠性的提高。但是,由于可靠性工作开展比较困难,出成果较慢,20 世纪 90 年代可靠性相关研究工作跌入低谷。进入 21 世纪以来,可靠性研究工作重新焕发了生机。2008 年建立了国防科技工业机械可靠性研究中心,具有完全自主知识产权的可靠性技术成果不断得到推广和应用。我国也多次成功举办了颇有影响力的可靠性国际学术会议,如国际可靠性、维修性、安全性会议(ICRMS),质量、可靠性、风险、维修性及安全性工程国际学术会议(QR2MSE),以及国际可靠性技术应用研讨会(ARS)等。

1.3 可靠性的分类

一般来说,可靠性包括可靠性数学、可靠性物理、可靠性设计、可靠性试验、可靠性工程和可靠性管理等。这些分类之间并非界限分明,而是相互有所交集。可靠性数学是可靠性的数学基础,可靠性设计、可靠性数据分析等的解析与运算方法来自可靠性数学。可靠性物理主要研究零部件、元器件、材料等的失效机理和数理模型,为可靠性其他分类提供数学模型的理论依据。同时,其数据来源和数据处理从可靠性试验和数据分析中获取。可靠性设计的数学模型及分布运算等来自可靠性物理、可靠性数学。可靠性工程的基础单元由可靠性设计提供。可靠性管理与其他可靠性在理论、计算等方面的交集不多,但却是其他可靠性的实施规范。

从产品的全生命周期来看,可靠性分为设计阶段的可靠性、制造阶段的可靠性和使用阶段的可靠性。具体包括可靠性设计(分析)、可靠性预计与分配、系统可靠性分析、故障模式与故障树分析、可靠性试验等。其中,可靠性管理贯穿于全过程。

1. 可靠性设计(分析)

广义的可靠性设计包括可靠性建模、可靠性预计与分配、故障模式分析等可靠性相关工作。狭义可靠性设计是指产品在研发设计阶段,运用可靠性理论和技术结合设计原理与方法,使研究对象满足可靠性要求。可靠性工作的重点应该放在可靠性设计阶段,因为首先可靠性设计确定了设计对象的固有可靠性;其次在可靠性设计阶段能够及时发现系统或结构的薄弱环节,减少故障发生的可能性;再次可靠性设计提高产品的可靠性所需成本最低,效果显著。美国的诺斯罗普公司估计,可靠性设计成本与其节省的后期使用和维修费用比值达到 1∶30。也就是说,每投入 1 美元进行可靠性设计,产品在使用过程中的使用、维修相关费用将节省 30 美元。美国 F-105 战斗机投资 2 500 万美元进行可靠性研究,将可靠度从 0.726 3 提高到 0.898 6,每年节省维修费用达 5 400 万美元。

可靠性设计广泛应用于飞机研制、设计过程中。例如,A321 飞机的胎压指示系统旋转机构的可靠性设计、水平安定面作动器的结构可靠性设计、飞机舱门密封结构的气密可靠性设计、飞机管路系统卡箍位置的可靠性设计、环控系统的可靠性设计、起落架系统中上位锁机构的可靠性设计、襟翼的刚度可靠性设计、升降舵作动筒的可靠性设计等。可以说,飞机的各种结构、系统、零部件的设计中都有可靠性设计的参与。

2. 可靠性预计与分配

可靠性预计是在产品的设计阶段,运用可靠性方法对系统可靠性进行定量估计的过程。主要依据产品的可靠性数据、失效率、系统的可靠性模型等预计产品能达到的可靠度。这是一个由点到面、由局部到整体、由下到上的过程。可靠性预计的主要意义在于,作为一种设计手段,能够为设计决策提供依据。例如,某导弹惯性测量组件的可靠度预计值为 0.977,规定值为 0.985,这显然不符合要求,因此通过反推过程,找到问题所在,最终提高其可靠度指标,为产品的设计提供依据。一般来说,可靠性预计分为基本可靠性预计和任务可靠性预计。可以通过简化设计、使用高质量元器件和调整性能容差来提高基本可靠性;可以通过余度设计来提高任务可靠性。例如,航空电子系统选用一些进口元器件来提高系统的可靠度。

可靠性分配也是在设计阶段进行,将产品的可靠度指标按照某一规则或方法,合理地分配给子系统或单元。与可靠性设计恰好相反,可靠性分配是自上而下、由整体到局部的过程。一般来说,可靠性分配与可靠性预计配合使用,是一个反复迭代的过程。

以某型飞机为例,该飞机主要由动力系统、燃油系统、操纵系统、座椅及生活设备、防火系统、机身结构、飞控系统、通信系统、导航系统等若干系统组成。在进行飞机设计过程中,原方案未对可靠度指标进行分配。为了寻找可靠性与经济性的平衡,需要进行可靠度分配。结果显示,座椅及生活设备、救生系统在原方案中分配了较高的可靠度指标,而它们在飞行过程中,对飞行安全影响不大,在保障可靠性的前提下应该予以降低,这样可以改善改型飞机的经济性指标。

3. 系统可靠性分析

这里所说的系统可靠性分析是指可靠性模型与分析。系统是指由相互作用、相互依赖的若干部分组成的具有特定功能的整体,系统可靠性是指该整体的某种特定功能的可靠性。在进行系统可靠性分析时,建立系统可靠性模型是必需的。可靠性模型是将产品(系统)的结构功能按可靠性要求进行分析的一种表示方法,能清晰准确地描述各元器件间的可靠性关系与功能。

4. 故障模式与故障树分析

故障模式影响分析（Failure Mode Effect Analysis，FMEA）是产品在设计阶段进行可靠性分析的一种重要方法。在总结同类产品经验的基础上，全面地分析可能发生的故障及其失效原因、影响等。故障模式影响分析定义为：对构成产品的零部件、子系统逐个进行分析，找出其所有可能的故障模式、失效原因以及各种故障模式对其所在组合件、子系统或系统的可靠性及安全性的影响，预先发现设计弱点的方法。故障模式影响分析实际上是故障模式分析（Failure Mode Analysis，FMA）与故障影响分析（Failure Effect Analysis，FEA）的有机组合。故障模式影响与严重度分析（Failure Mode Effect and Criticality Analysis，FMECA）是在故障模式影响分析的基础上扩展而来的，是在系统设计过程中通过对系统各组成单元潜在的各种失效模式及其对系统功能的影响与产生后果的严重程度进行分析，提出可能采取的预防改进措施，以提高产品可靠性的一种设计分析方法。FMECA 是一种自下而上的归纳分析方法，是可靠性、安全性、保障性和维修性设计分析的基础。

故障树分析（Fault Tree Analysis，FTA）是在系统设计过程中通过对可能造成系统故障的各种因素（包括硬件、软件、环境和人为因素）进行分析，画出逻辑框图（即故障树），从而确定系统故障原因的各种可能的组合方式及其发生概率，以计算系统故障概率，采取相应的纠正措施，提高系统可靠性的一种分析设计方法。整个分析过程就像是一棵倒置的树，因此形象地称为故障树分析。

FMECA 是一种单因素分析方法，只能分析单个故障模式对系统的影响；FTA 是一种多因素分析法，能够分析多种故障模式对系统的影响。因此，故障树分析更具有优越性，是系统可靠性分析过程中不可或缺的方法之一。

5. 可靠性试验

可靠性试验是分析、验证与定量评价产品可靠性的一种手段。为了了解、分析、评价、验证、保证和提高产品的可靠性而取得产品可靠性信息的试验统称为可靠性试验。广义可靠性试验是指任何与产品失效（故障）有关的试验，狭义的可靠性试验往往指寿命试验。产品在生产出来以后，能否达到可靠性要求，需要在实践中进行检验。同时，在产品研制过程中，可能会存在各种缺陷，通过可靠性试验加以改进，提高产品的可靠性水平。目前电子产品的可靠性试验技术已经发展的相对成熟，但机械产品由于子样、经费及评估等各种因素的制约，发展相对较慢。

2017 年 5 月 5 日，我国首个大飞机 C919 成功实现首飞。2022 年 8 月 1 日，中国商飞官微发布海报，正式祝贺国产大飞机 C919 完成取证试飞。2022 年 9 月 29 日，C919 获得了中国民用航空局的型号合格证，将于 2022 年底交付首架飞机。在 C919 整个研制过程中，可靠性是排在第一位的。为了确保技术方案的可靠性，C919 先后进行了一系列的可靠性试验。2011 年以来在国内外开展了几十项风洞试验，累计完成了 9 000 多次吹风试验。2012 年完成了 12 项结构摸底试验和 5 513 项强度试验。2016 年以来完成了首项增压舱增压试验、1♯～5♯缝翼高速工况静力试验、全机 2.5g 机动平衡工况限制载荷静力试验、全机地面共振试验以及最后一项首飞前全机静力试验。成千上万次全面的可靠性试验为 C919 成功首飞提供了强有力的保障。

1.4　飞机可靠性的特点

在飞机的"五性"（即可靠性、维修性、测试性、保障性和安全性）设计中，可靠性占据重要的地位。飞机是一个非常庞大、复杂的系统，以 C919 大飞机为例，总长接近 39 m，翼展接近 36 m，高度接近 12 m。相对于一辆家用小轿车 3 万多个零件来说，C919 则由 100 多万个零件组成，需要 300 多工人经过一年的时间才能安装完成。一般飞机包括机体结构、动力装置、起落架系统、燃油系统、环控系统、液压系统、自控系统、操纵系统、座椅及生活设备、防火系统、氧气系统、电气系统、救生系统、座舱显示系统、通信系统、导航系统、指示记录系统、防冰排雨系统等，每个系统还可以分解为若干个子系统。在飞机的研制过程中，各个零部件、系统、子系统都要进行可靠性设计与可靠性验证。因此，飞机的可靠性工作是一个庞大繁杂并且细致准确的系统工程。

飞机的研制成本高，研制周期长。以 C919 为例，2007 年开始立项，2008 年组建中国商飞平台，2017 实现首飞，历时 10 年。空中客车从 2000 年确定 A380 计划，到 2005 年进行首次试飞，历时 5 年，但是从 1994 年的"A3XX"计划开始的，在积累了大量研制经验的基础上，仍然耗费了大量时间。波音 787 于 2004 年正式启动项目，2009 年末试飞成功，历时 5 年。按目前的币值，波音和空客研制一种新客机的费用大约是 100 亿美元量级，但如果项目特殊，有重大创新，则更高。如空客 A380 研制总费用高达 150 亿美元，大量使用复合材料的波音 787 约为 120 亿美元，空客 A350 为 100 亿美元。即使是波音将 747 改进为 747 - 8，也耗费了 50 亿美元。C919 目前已投入的研制经费也达到了 450 亿元人民币。

正是由于飞机的研制成本高、周期长的特点，使得每架飞机都显得弥足珍贵，动辄售价以亿元为单位，因此用于实验的样机少，属于小子样。我们知道，在汽车新车上市之前需要进行新车评价程序，用于正面碰撞中评价汽车保护车内乘员的性能。全球有 ANCAP（澳大利亚）、EuroNCAP（欧洲）、USNCAP（美国）、IIHS（美国保险组织）、CNCAP（中国）、JNCAP（日本）、KNCAP（韩国）、LATINNCAP（拉丁美洲）、ASEANNCAP（东南亚）等机构可以进行汽车碰撞试验。而飞机碰撞试验却少得可怜，2012 年一架波音 727 飞机在美国人为坠毁，进行碰撞试验。在此之前唯一一次公开坠机试验是在 1984 年，美国宇航局为了测试一种新型燃料，而有意将一架波音 707 坠毁。取而代之的是密集的零部件、元器件以及系统、子系统的可靠性试验的全面开展以及试飞试验的增加。据悉，C919 试飞科目总计 729 项，用时 4 200 h，完成 2 282 架次，投入 6 架试飞机、1 架静力试验机和 1 架疲劳试验机进行科研取证试飞。

飞机的使用寿命长。现在常用的寿命指标有三类：飞行小时寿命，按照飞机的实际飞行时间来计算飞机的寿命，目前大部分飞机的飞行小时寿命都在 6 万小时左右，一些机型可以达到 8 万小时；飞行起落寿命，以飞机的一个起落为单位来计算飞机的寿命，通常干线飞机的飞行起落寿命在 4 万个左右，支线飞机则可以达到 6 万个；飞行年限寿命，一般情况下常见机型的使用年限一般在 25～30 年之间。对于一架飞机的三个寿命指标，以先到达的为准。

美军军用战斗机的设计指标一般为 20 年，轰炸机为 25 年。随着航空科技的不断进步和飞机造价的日益升高，飞机的寿命也逐渐增加。如美国的 U - 2 高空侦察机，服役 49 年；KC - 135 远程加油机，已使用 48 年。民航飞机的平均使用寿命在 25 年左右。

风险高。飞机反映一个国家的工业先进性,是工业大国和工业强国的重要标志。我国经过多年的努力,终于使得 C919 大飞机成功取证试飞,从而在国际民用航空产业形成了 ABC 的格局。另外,歼-20、运-20、轰-20、直-20 等中国"20 系列"飞机以及 ARJ21-XXX 系列支线飞机的研制也彰显了我国航空产业的实力,提升了我国航空产业的国际地位。因此,一旦飞机发生事故,对国家形象的影响就颇为严重。而且,飞机发生事故,基本上是机毁人亡,造成巨大的经济损失和生命安全损失。1986 年 1 月 28 日,美国航天飞机"挑战者"号在发射后进入轨道前,由于助推火箭燃料箱密封装置在低温下失效,燃料溢出发生爆炸,导致 7 人死亡,12 亿美元损失。而我国的运载神舟九号飞船的改进型长征二号 F 火箭可靠性指标为 0.97,安全性指标达到 0.997,有力地保障了火箭在出现故障时航天员能够安全返回。

工作环境严酷。除了上述特点以外,飞机工作条件比较复杂,在进行可靠性设计时必须予以考虑。例如,飞行环境包含雷暴、大雾、大风、雨雪、冰雹等各种天气条件以及温度、湿度、气压、气流等的变化。

飞机可靠性是飞机质量的重要特性,是决定飞机性能和寿命周期、费用的重要因素,同时也是整个航空产业的核心问题。在过去几十年里,航空技术取得了许多重大进展,从飞机的设计到制造和维护,都有了很大改善。时至今日,随着我国航空航天领域的迅速发展,可靠性工作的重要性日益突出,这使得航空航天行业对可靠性的要求更高,从而需要大量的可靠性人才。在这种大环境下,航空航天工作者需要不断地学习新知识和技术,掌握更多的应用技能,为中国航空航天事业的发展做出贡献。我们应当发扬能吃苦、能战斗、能攻关、能奉献的载人航天精神,高举空天报国旗帜,为我国航空航天事业添砖加瓦。

课后复习题

1. 简述可靠性的定义。
2. 简述可靠性五要素的定义。
3. 简述可靠性的分类。
4. 简述飞机可靠性的特点。
5. 请查阅文献,尝试写一篇关于可靠性技术的综述文章。

第 2 章　可靠性基本理论

2.1　可靠性术语

可靠性反映了产品无故障工作的能力,是产品的重要内在属性。可靠性研究涉及面十分广泛,内容复杂多样。为了进行可靠性研究,首先需要掌握相关的可靠性术语。我国国标GB/T 3187—1994 规定了可靠性维修性领域的基本术语及其定义。下面是一些常用的可靠性术语。

1. 特　性

1) 可靠性(reliability)

可靠性是指产品在规定条件下和规定时间区间内完成规定功能的能力。

2) 维修性(maintainability)

维修性是指在规定的条件下并按规定的程序和手段实施维修时,产品在规定的使用条件下保持或恢复能执行规定功能状态的能力。

3) 可用性(availability)

可用性是指在要求的外部资源得到保证的前提下,产品在规定的条件下和规定的时刻或时间区间内处于可执行规定功能状态的能力。它是产品可靠性、维修性和维修保障性的综合反映。这里的外部资源不同于维修资源,它对产品的可用性是没有影响的。

4) 耐久性(durability)

耐久性是指产品在规定的使用与维修条件下,直到极限状态前完成规定功能的能力。产品的极限状态可以由使用寿命的终止、经济和技术上已不适宜等来表征。

2. 失效相关概念

1) 失效(failure)

失效是指产品终止完成规定功能的能力(对可修复产品通常也称故障)。

失效主要包括:致命失效、非致命失效、误用失效、设计失效、制造失效、老化失效、耗损失效、突然失效、渐变失效、漂移失效、关联失效、非关联失效、独立失效、从属失效、系统性失效、重复性失效、完全失效、退化失效和部分失效等。

2) 失效原因(failure cause)

失效原因是指引起失效的设计、制造或使用阶段的有关事项。

3) 失效机理(failure mechanism)

失效机理是指引起失效的物理、化学或其他的过程。

4) 失效模式(failure mode)

失效模式是指失效的表现形式。

3．故障相关概念

1）故障（fault）

故障是指产品不能执行规定功能的状态，预防性维修或其他计划性活动或缺乏外部资源的情况除外。故障通常是产品本身失效后的状态，但也可能在失效前就存在。

故障主要包括：持久故障、间歇故障、确定性故障、非确定性故障、潜在故障和系统性故障等。

2）故障模式（fault mode）

故障模式是指相对于给定的规定功能，故障产品的一种状态。

4．差错与失误

1）差错（error）

差错是指计算的、观察的、测量的值或条件与真实的、规定的、理论上的精确值或条件之间的差异。故障产品会引起差错。例如：有故障的计算设备会产生计算差错。

2）失误（mistake）

失误是指产生非希望的结果的人的行为。

5．产品的状态

1）工作状态（operating state）

工作状态是指产品正在执行规定功能时的状态。

2）不工作状态（non-operating state）

不工作状态是指产品未在执行规定功能时的状态。

3）不能工作状态（disable state/outage）

不能工作状态是指不论什么原因引起的产品不能执行规定功能时的状态。

4）外因不能工作状态（external disabled state）

外因不能工作状态是指产品处于可用状态，因缺乏要求的外部资源或因维修外安排的活动而出现的不能工作状态。

5）内因不能工作状态（internal disabled state）

内因不能工作状态是指产品出现故障或在预防性维修期间不能执行规定功能的状态。

6）不可用状态（down state）

不可用状态是指产品出现故障或在预防性维修期间不能执行规定功能的状态。

7）可用状态（up state）

可用状态是指在要求的外部资源得到保证的前提下产品能执行规定功能的状态。

8）闲置状态（idle state）

闲置状态是指在无需求时间期间内产品处于可用状态，但未在执行规定功能。

9）忙碌状态（busy state）

忙碌状态是指产品执行着某用户要求的功能因而不能再接受其他用户的状态。

产品状态的分类如图 2.1 所示。

图 2.1　产品状态的分类

6．维修相关概念

1）维修（maintenance）

维修是指为保持或恢复产品处于能执行规定功能的状态所实施的所有技术和管理,包括监督的活动。维修可能包括对产品的修改。

维修主要包括:预防性维修、修复性维修、计划性维修和非计划性维修等。

2）维修准则（maintenance philosophy）

维修准则是指组织与实施维修的一套规则。

3）维修方针（maintenance policy）

维修方针是指产品维修中的维修作业线、维修约定级及维修等级之间相互关系的说明。

4）维修等级（level of maintenance）

维修等级是指一个具体的维修约定级上维修活动的安排。例如:维修活动是替换元器件、印刷电路板、组件等。

5）修理（repair）

修理是指人对产品实施操作的修复性维修。

6）故障识别（fault recognition）

故障识别是指识别故障的活动。

7）故障诊断（fault diagnosis）

故障诊断是指为故障识别、故障定位和故障原因的确定所进行的工作。

8）故障修复（fault correction）

故障修复是指故障定位后为恢复故障产品执行规定功能的能力所进行的工作。

7．时间概念

时间概念主要包括与维修有关的时间概念、与产品状态有关的时间概念以及与可靠性特征量有关的时间概念。

（1）与维修有关的时间概念

1）维修时间（maintenance time）

维修时间是指对产品实施维修(人工或自动)的时间区间。它包括技术延迟和后勤延迟。

2）维修人时（Maintenance Man-Hours,MMH）

维修人时是指所有维修人员在规定的维修工作中或规定时间区间内所用的以小时表示的累积维修时间。

3）实际维修时间（active maintenance time）

实际维修时间是指不包括后勤延迟的维修时间。

4）预防性维修时间（preventive maintenance time）

预防性维修时间是指对产品实施预防性维修的维修时间。它包括预防性维修所固有的技术延迟和后勤延迟。

5）修复性维修时间（corrective maintenance time）

修复性维修时间是指对产品实施修复性维修的维修时间。它包括修复性维修所固有的技术延迟和后勤延迟。

6）实际的预防性维修时间（active preventive maintenance time）

实际的预防性维修时间是指对产品实施预防性维修所用的实际维修时间。

7）实际的修复性维修时间（active corrective maintenance time）

实际的修复性维修时间是指对产品实施修复性维修所用的实际维修时间。

8）未检出故障时间（undetected fault time）

未检出故障时间是指失效至识别出故障之间的时间区间。

9）管理延迟（administrative delay,对于修复性维修）

管理延迟是指因管理上的原因,未对故障产品实施修复性维修的累积时间。

10）后勤延迟（logistic delay）

后勤延迟是指为取得需要的维修资源而未能实施维修的累积时间,不包括管理延迟。后勤延迟可能是由下列原因引起的:到达无人值守所在地的时间,或未得到备件、专拣、测试设备、资料和适宜的环境条件等。

11）故障修复时间（fault correction time）

故障修复时间是指实施故障修复的那部分实际修复性维修时间。

12）技术延迟（technical delay）

技术延迟是指与维修活动本身有关的辅助技术活动所用的累积时间。

13）故障诊断时间（fault diagnosis time）

故障诊断时间是指实施故障诊断的时间。

14）故障定位时间（fault localization time）

故障定位时间是指实施故障定位的那部分实际修复性维修时间。

15）修理时间（repair time）

修理时间是指对产品实施修理的那部分实际修复性维修时间。

时间线如图 2.2 所示。

（2）与产品状态有关的时间概念

1）工作时间（operating time）

工作时间是指产品处于工作状态的时间区间。

2）不工作时间（non-operating time）

不工作时间是指产品处于不工作状态的时间区间。

3）需求时间（required time）

需求时间是指用户要求产品处于能执行规定功能状态的时间区间。

4）无需求时间（no-required time）

无需求时间是指用户未要求产品处于能执行规定功能状态的时间区间。

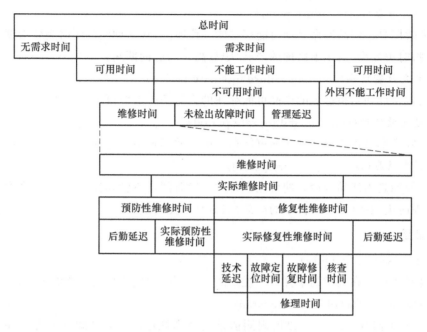

图 2.2　时间线

5）不能工作时间（disabled time）

不能工作时间是指产品处于不能工作状态的时间区间。

6）不可用时间（down time）

不可用时间是指产品处于不可用状态的时间区间。

7）外因不能工作时间（external disabled time/external loss time）

外因不能工作时间是指产品处于外因不能工作状态的时间区间。

8）可用时间（up time）

可用时间是指产品处于可用状态的时间区间。

（3）与可靠性特征量有关的时间概念

1）首次失效前时间（time to first failure）

首次失效前时间是指产品首次进入可用状态直至失效的总持续工作时间。

2）失效前时间（time to failure）

失效前时间是指产品首次进入可用状态直至失效或从恢复至下次失效的总持续工作时间。

3）失效间隔时间（time between failures）

失效间隔时间是指修理的产品相邻两次失效间的持续时间。

4）失效间工作时间（operating time between failures）

失效间工作时间是指修理的产品相邻两次失效间的总持续工作时间。

5）使用寿命（useful life）

使用寿命是指产品在规定的条件下，从规定时刻开始，到失效密度变得不可接受或产品的故障被认为不可修理止的时间区间。

6) 早期失效期（early failure period）

早期失效期是指产品寿命早期可能存在的一段时间，在这期间的瞬时失效密度（对于修理的产品）或瞬时失效率（对于不修理的产品）明显高于随后的期间。

7) 恒定失效密度期（constant failure intensity period）

恒定失效密度期是指修理的产品可能存在的失效密度近似恒定的期间。

8) 恒定失效率期（constant failure rate period）

恒定失效率期是指不修理的产品可能存在的失效率近似恒定的期间。

9) 耗损失效期（wear-out failure period）

耗损失效期是指产品寿命后期可能存在的一段时间，在这期间的瞬时失效密度（对于修理的产品）或瞬时失效率（对于不修理的产品）明显高于先前期间。

8. 特征量

1) 可靠度 $R(t)$（reliability）

可靠度是指产品在规定的条件下和规定的时间区间内完成规定功能的概率。

2) 可靠度的观测值（observed reliability ）

① 对于不可修复产品，可靠度的观测值是指直到规定的时间区间终了为止，能完成规定功能的产品数与在该时间区间开始时刻投入工作的产品数之比。

② 对于可修复产品，可靠度的观测值是指一个或多个产品的无故障工作时间达到或超过规定时间的次数与观察时间内无故障工作的总次数之比。

注：在计算无故障工作总次数时，每个产品的最后一次无故障工作时间若不超过规定的时间，则不予计入。

3) 累积失效概率（cumulative failure probability）

累积失效概率是指产品在规定的条件下和规定的时间内失效的概率，其数值等于 1 减可靠度。

4) 累积失效概率的观测值（observed cumulative failure probability）

累积失效概率的观测值，对于不可修复和可修复产品，都等于 1 减可靠度的观测值。

5) 平均寿命（平均无故障工作时间）（mean life (mean time between failures)）

平均寿命（平均无故障工作时间）是指寿命（无故障工作时间）的平均值。

6) 平均寿命（平均无故障工作时间）的观测值（observed mean life (observed mean time between failures)）

① 对于不可修复产品，当所有试验样品都观察到寿命终了的实际值时，平均寿命（平均无故障工作时间）的观测值是指它们的算术平均值；当不是所有试验样品都观测到寿命终了的截尾试验时，平均寿命（平均无故障工作时间）的观测值是指受试样品的累积试验时间与失效数之比。

② 对于可修复产品，平均寿命（平均无故障工作时间）的观测值是指一个或多个产品在其使用寿命期内的某个观察期间累积工作时间与故障次数之比。

7) 失效率（failure rate）

失效率是指工作到某时刻尚未失效的产品，在该时刻后单位时间内发生失效的概率。

8）失效率的观测值（observed failure rate）

失效率的观测值是指在某时刻后单位时间内失效的产品数与工作到该时刻尚未失效的产品数之比。

9）平均失效率的观测值（observed mean failure rate）

① 对于不可修复产品，平均失效率的观测值是指在一个规定时期内失效数与累积工作时间之比。

② 对于可修复产品，平均失效率的观测值是指其使用寿命期内的某个观察期间一个或多个产品的故障发生次数与累积工作时间之比。

10）维修度（maintainability）

维修度是指在规定的条件下并按规定的程序和手段实施维修时，产品在规定的使用条件下和规定的时间区间内保持或恢复能执行规定功能的概率。

11）平均修复时间（mean repair time）

平均修复时间是指修复时间的平均值。

12）平均修复时间的观测值（observed mean repair time）

平均修复时间的观测值是指修复时间的总和与修理次数之比。

13）修复率（repair rate）

修复率是指修理时间已达到某个时刻但尚未修复的产品，在该时刻后的单位时间内完成修理的概率。

14）平均修复率的观测值（observed mean repair rate）

平均修复率的观测值是指在某观察期内完成修理的概率。

9．试验概念

1）耐久性试验（endurance test）

耐久性试验是指为了研究所施加的应力及其持续时间对产品性能的影响，在某时间区间进行的试验。

2）寿命试验（life test）

寿命试验是指为评价分析产品的寿命特征量而进行的试验。

3）可靠性验证试验（reliability compliance test）

可靠性验证试验是指为确定产品的可靠性特征量是否达到所要求的数值而进行的试验。

4）可靠性测定试验（reliability determination test）

可靠性测定试验是指为确定产品的可靠性特征量的数值而进行的试验。

5）实验室可靠性试验（laboratory reliability test）

实验室可靠性试验是指在规定的可控条件下进行的可靠性验证或测定试验。试验条件可以模拟现场条件，也可与现场条件不同。

6）现场可靠性试验（field reliability test）

现场可靠性试验是指在现场使用条件下进行的可靠性验证或测定试验。

10．设计与分析概念

1）冗余（redundancy）

冗余是指产品所包含的为完成规定功能所必不可少的组成部分元件的成分（包括硬件或

软件）。当冗余为硬件时也称贮备。

2）可靠性模型（reliability model）

可靠性模型是指用于预计或估计产品可靠性的一种数学模型。

3）可靠性预计（reliability prediction）

可靠性预计是指根据产品各组成部分的可靠性预测产品在规定的工作条件下的可靠性所进行的工作。

4）可靠性分配（reliability allocation/reliability apportionment）

可靠性分配是指在产品设计阶段，将产品的可靠性定量要求按给定的准则分配给各组成部分的过程。

5）故障模式与影响分析（Fault Modes and Effects Analysis，FMEA）

故障模式与影响分析是指研究产品的每个组成部分可能存在的故障模式，并确定各个故障模式对产品其他组成部分和产品要求功能的影响的一种定性的可靠性分析方法。

6）故障树分析（Fault Tree Analysis，FTA）

故障树分析是指以故障树的形式进行分析的方法。它用于确定哪些组成部分的故障模式或外界事件或它们的组合可能导致产品的一种已给定的故障模式。

7）应力分析（stress analysis）

应力分析是指确定产品在给定的条件下所承受的物理、化学或其他应力的分析方法。

8）可靠性框图（reliability block diagram）

可靠性框图是指对于复杂产品的一个或多个功能模式，用方框表示的各组成部分的故障或它们的组合如何导致产品故障的框图。

9）可靠性计划（reliability programme）

可靠性计划是产品的研制、生产、使用计划的一个重要组成部分，它包括为使产品达到预定的可靠性指标，在研制、生产、使用各阶段的任务内容、进度要求、保障条件及为实施计划的组织、技术措施等。

10）可靠性增长（reliability growth）

可靠性增长是指随着产品设计、研制、生产各阶段工作的逐渐进行，产品的可靠性特征量逐步提高的过程。

11）可靠性认证（reliability certification）

可靠性认证是指有可靠性要求的产品的质量认证的一个组成部分。它是由生产方和使用方以外的第三方，通过对生产方的可靠性组织及其管理和产品的技术文件进行审查，对产品进行可靠性试验，来确定产品是否达到所要求的可靠性水平。

2.2 可靠性特征量

常用的可靠性特征量主要有可靠度、累积失效概率、失效概率密度、失效率和寿命等，它们构成了产品可靠性的基本内容。

2.2.1 可靠度 $R(t)$

可靠度是产品可靠性的重要度量之一。我国国标规定可靠度的定义为：产品在规定的条件下和规定的时间区间内完成规定功能的概率,记为 R。由于可靠度是时间的函数,因此一般表示为 $R(t)$,称为可靠度函数,即

$$R(t)=P(T \geqslant t) \tag{2.1}$$

式中:$R(t)$——可靠度;

　　$P(\cdot)$——概率;

　　T——产品寿命或正常工作时间;

　　t——某一指定的时刻或规定的时间。

可靠度-时间曲线如图 2.3 所示。

由可靠度的定义可知,可靠度介于 $0 \sim 1$ 之间,规定时间越短,可靠度越高;规定时间越长,可靠度越低,即

$$0 \leqslant R(t) \leqslant 1, \quad R(t)=\begin{cases} 1, & t \to 0 \\ 0, & t \to \infty \end{cases}$$

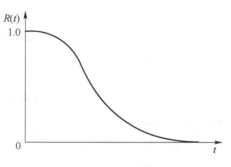

图 2.3　可靠度-时间曲线

对于不可修复产品,如果一批产品有 n 件,在 $t=0$ 时刻全部开始工作,当工作到 t 时刻时,有 $n_f(t)$ 个产品失效,$n_s(t)$ 个产品仍正常工作,显然

$$n_f(t)+n_s(t)=n$$

则该批次产品的可靠度估计值为

$$\hat{R}(t)=\frac{n_s(t)}{n}=\frac{n-n_f(t)}{n}=1-\frac{n_f(t)}{n} \tag{2.2}$$

对于可修复产品,可靠度估计值是指一个或多个产品的无故障工作时间达到或超过规定时间的次数与观测时间内无故障工作的总次数之比,即

$$\hat{R}(t)=\frac{n_s(t)}{n}=1-\frac{n_f(t)}{n} \tag{2.3}$$

式中:$n_s(t)$——无故障工作时间达到或超过规定时间的次数;

　　$n_f(t)$——无故障工作时间未达到规定时间的次数;

　　n——观测时间内无故障工作的总次数。

其中,产品的最后一次无故障工作时间若未超过规定时间,则不予计入。

例 2.1　在规定的时间 t 内和规定的条件下,对 10 个不可修复产品进行可靠性试验,观测结果如图 2.4 所示,求该批次产品的可靠度估计值。

解:根据题意,$n=10$。在观测时间内,无故障工作时间超过规定工作时间 t 的产品分别为 1、3、4、5、6、7、9 号产品,未达到规定工作时间 t 的产品分别为 2、8、10 号产品。可知 $n_s(t)=7$,所以该批次产品的可靠度估计值为

$$\hat{R}(t)=\frac{n_s(t)}{n}=\frac{7}{10}=0.7$$

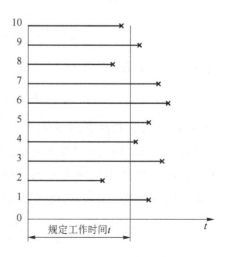

图 2.4　例 2.1 观测结果

例 2.2 现对 3 件可修复产品进行可靠性试验,观测结果如图 2.5 所示。其中,t 为规定工作时间。求该批次产品的可靠度估计值。

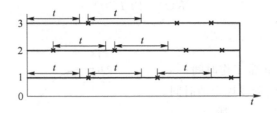

图 2.5 例 2.2 观测结果

解: 根据观测结果可知,每件产品最后一次工作时间均未超过规定时间,因此每件产品最后一次工作都不计入统计。所以,1 号产品统计次数为 3 次,达到或超过规定时间次数为 3 次;2 号产品统计次数为 4 次,达到或超过规定时间次数为 2 次;3 号产品统计次数为 3 次,达到或超过规定时间次数为 2 次。因此,$n=3+4+3=10$,$n_s(t)=3+2+2=7$,所以该批次产品的可靠度估计值为

$$\hat{R}(t)=\frac{n_s(t)}{n}=\frac{7}{10}=0.7$$

2.2.2 累积失效概率 $F(t)$

累积失效概率是产品在规定条件下和规定时间内失效的概率,其数值等于 1 减可靠度,又称为不可靠度、累积故障概率、失效概率或故障概率。一般记为 F 或 $F(t)$,称为累积失效分布函数,即

$$\begin{cases} F(t)=P(T<t) \\ F(t)=1-R(t) \quad \text{或} \quad F(t)+R(t)=1 \end{cases} \tag{2.4}$$

与可靠度 $R(t)$ 相反,

$$0 \leqslant F(t) \leqslant 1, \quad F(t)=\begin{cases} 1, & t\to\infty \\ 0, & t\to 0 \end{cases}$$

累积失效概率的估计值为

$$\hat{F}(t)=1-\hat{R}(t)=\frac{n_f(t)}{n} \tag{2.5}$$

例 2.3 有 100 只灯泡,工作到 500 h 时有 15 只失效,工作到 800 h 时又有 10 只失效,求 $t=500$ h 和 $t=800$ h 时的可靠度与失效概率的估计值。

解: 该产品属于不可修复产品。根据题意,$n=100$。当 $t=500$ h 时,$n_f(500)=15$,$n_s(500)=85$;当 $t=800$ h 时,$n_f(800)=15+10=25$,$n_s(500)=75$。所以

$$\hat{R}(500)=\frac{n_s(500)}{n}=\frac{85}{100}=0.85, \quad \hat{F}(500)=1-\hat{R}(500)=0.15$$

$$\hat{R}(800)=\frac{n_s(800)}{n}=\frac{75}{100}=0.75, \quad \hat{F}(800)=1-\hat{R}(800)=0.25$$

2.2.3　失效概率密度 $f(t)$

失效概率密度是产品在包含某时刻的单位时间内失效的概率,即为累积失效概率对时间的导数,表示单位时间的累积失效概率函数的变化,记为 $f(t)$,称为失效(故障)概率密度函数。

根据其定义,可知

$$f(t) = \frac{\mathrm{d}F(t)}{\mathrm{d}t} \tag{2.6}$$

故

$$F(t) = \int_0^t f(t)\,\mathrm{d}t \tag{2.7}$$

则

$$R(t) = 1 - \int_0^t f(t)\,\mathrm{d}t = \int_t^\infty f(t)\,\mathrm{d}t \tag{2.8}$$

$f(t)$ 与 $R(t)$、$F(t)$ 之间的关系如图 2.6 所示。

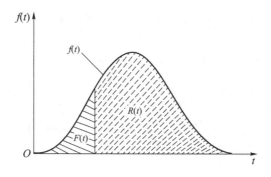

图 2.6　$f(t)$ 与 $R(t)$、$F(t)$ 之间的关系

由

$$f(t) = \frac{\mathrm{d}F(t)}{\mathrm{d}t} = \frac{F(t+\Delta t) - F(t)}{\Delta t}$$

得 $f(t)$ 的估计值为

$$\hat{f}(t) = \frac{\hat{F}(t+\Delta t) - \hat{F}(t)}{\Delta t} = \frac{1}{\Delta t}\left[\frac{n_f(t+\Delta t)}{n} - \frac{n_f(t)}{n}\right] = \frac{\Delta n_f(t)}{n\Delta t} \tag{2.9}$$

式中:$\Delta n_f(t)$——失效数或故障数变化增量;

$\quad\quad\Delta t$——时间变化增量。

2.2.4　失效率 $\lambda(t)$

失效率是工作到某时刻尚未失效的产品,在该时刻后单位时间内发生失效的概率。一般记为 λ 或 $\lambda(t)$,称为失效(故障)率函数,即

$$\lambda(t) = \frac{F'(t)}{R(t)} = \frac{f(t)}{R(t)} \tag{2.10}$$

$\lambda(t)$ 为瞬时失效率,它的平均失效率为

$$\bar{\lambda} = \frac{1}{t} \int_0^t \lambda(t) \, dt \tag{2.11}$$

失效率 $\lambda(t)$ 的估计值为

$$\hat{\lambda}(t) = \frac{\hat{f}(t)}{\hat{R}(t)} = \frac{\dfrac{\Delta n_f(t)}{n \Delta t}}{\dfrac{n_s(t)}{n}} = \frac{\Delta n_f(t)}{n_s(t) \Delta t} = \frac{\Delta n_f(t)}{\Delta t} \Big/ n_s(t) \tag{2.12}$$

可知,失效率估计值为某一时刻后,单位时间内失效的产品数与工作到该时刻尚未失效的产品数之比。

例 2.4 对 100 件电子产品进行可靠性寿命试验,在 $t_1 = 100$ h 前没有失效,在 $100 \sim 105$ h 之间有 1 件产品失效,在 $t_2 = 1\,000$ h 前共 51 件失效,$1\,000 \sim 1\,005$ h 之间有 1 件失效。试求 $t_1 = 100$ h 与 $t_2 = 1\,000$ h 时产品的可靠度、故障概率、故障概率密度及失效率的估计值。

解: 由题意已知,$n = 100$。

当 $t_1 = 100$ h 时,

$$n_s(100) = 100, \quad n_f(100) = 0, \quad \Delta n_f(100) = 1, \quad \Delta t = 105 \text{ h} - 100 \text{ h} = 5 \text{ h}$$

$$\hat{R}(100) = \frac{n_s(100)}{n} = \frac{100}{100} = 1$$

$$\hat{F}(100) = 1 - \hat{R}(100) = 0$$

$$\hat{f}(100) = \frac{\Delta n_f(100)}{n \Delta t} = \frac{1}{100 \times 5 \text{ h}} = 0.002 \text{ h}^{-1}$$

$$\hat{\lambda}(100) = \frac{\Delta n_f(100)}{n_s(100) \Delta t} = \frac{1}{100 \times 5 \text{ h}} = 0.002 \text{ h}^{-1}$$

当 $t_1 = 1\,000$ h 时,

$$n_s(1\,000) = 49, \quad n_f(1\,000) = 51, \quad \Delta n_f(1\,000) = 1, \quad \Delta t = 1\,005 \text{ h} - 1\,000 \text{ h} = 5 \text{ h}$$

$$\hat{R}(1\,000) = \frac{n_s(1\,000)}{n} = \frac{49}{100} = 0.49$$

$$\hat{F}(1\,000) = 1 - \hat{R}(1\,000) = 0.51$$

$$\hat{f}(1\,000) = \frac{\Delta n_f(1\,000)}{n \Delta t} = \frac{1}{100 \times 5 \text{ h}} = 0.002 \text{ h}^{-1}$$

$$\hat{\lambda}(1\,000) = \frac{\Delta n_f(1\,000)}{n_s(1\,000) \Delta t} = \frac{1}{49 \times 5 \text{ h}} = 0.004 \text{ h}^{-1}$$

由上述例题可以看出,故障概率密度不随着失效数的增加而发生变化,而失效率则与剩余产品的数量关系密切。

对于可靠度较高、故障率较低的产品,失效率单位通常用 Fit(Failure Unit,费特)来表征。$1 \text{ Fit} = 10^{-9}/\text{h} = 10^{-6}/10^3 \text{ h}$,即 $1\,000\,000$ 件产品工作 $1\,000$ h,只失效 1 件。广义的单位概念可以是次数、周期等。比如轴承、齿轮,就用转数、动作次数的倒数来表示。

失效率随着时间的增加而发生变化,在不同的时间阶段,表现出不同的特征。失效率曲线如图 2.7 所示,因为形状比较像浴盆,因此也称为"浴盆曲线"。

失效率一般由三个时期组成:早期失效期、偶然失效期和耗损失效期。

1. 早期失效期

该阶段在产品使用的早期阶段。其特点是失效率较高,随着时间的增长失效率迅速下降。该阶段的失效主要是在产品生产制造过程中导致的,可以通过质量管理、可靠性筛选试验等办法减少。

2. 偶然失效期

该阶段是产品的主要工作阶段。其特点是产品失效率低且稳定,近似于常数,失效通常由偶然因素导致。一般通过改进设计来延长产品使用时间。

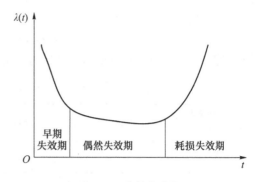

图 2.7 失效率曲线

3. 耗损失效期

该阶段的主要特点是失效率急剧上升,很快导致产品报废,主要由老化、疲劳、腐蚀等因素导致,可以通过欲置维修来延缓报废时间。

2.2.5 $R(t)$、$F(t)$、$f(t)$ 和 $\lambda(t)$ 之间的关系

由式(2.6)可知

$$f(t) = F'(t)$$

有

$$F'(t) = -R'(t)$$

分别代入式(2.10)得

$$\lambda(t) = \frac{F'(t)}{R(t)} = \frac{-R'(t)}{R(t)} \tag{2.13}$$

整理得

$$-\int_0^t \lambda(t)\,\mathrm{d}t = \ln R(t)$$

得

$$R(t) = \mathrm{e}^{-\int_0^t \lambda(t)\,\mathrm{d}t} \tag{2.14}$$

所以

$$F(t) = 1 - \mathrm{e}^{-\int_0^t \lambda(t)\,\mathrm{d}t} \tag{2.15}$$

由式(2.4)和式(2.13)可知,

$$\lambda(t) = \frac{F'(t)}{1 - F(t)} \tag{2.16}$$

将式(2.6)和式(2.7)代入式(2.16)中,得

$$\lambda(t) = \frac{f(t)}{1 - \int_0^t f(t)\,\mathrm{d}t} \tag{2.17}$$

由式(2.16)得

$$f(t) = \lambda(t)\left[1 - F(t)\right]$$

将式(2.15)代入上式,得

$$f(t) = \lambda(t)e^{-\int_0^t \lambda(t)dt} \tag{2.18}$$

整理得 $R(t)$、$F(t)$、$f(t)$ 和 $\lambda(t)$ 之间的关系如表2.1所列。

表 2.1 $R(t)$、$F(t)$、$f(t)$ 和 $\lambda(t)$ 之间的关系

求特征值 ＼ 原特征值	$R(t)$	$F(t)$	$f(t)$	$\lambda(t)$
$R(t)$	—	$1-F(t)$	$1-\int_0^t f(t)dt$	$e^{-\int_0^t \lambda(t)dt}$
$F(t)$	$1-R(t)$	—	$\int_0^t f(t)dt$	$1-e^{-\int_0^t \lambda(t)dt}$
$f(t)$	$-R'(t)$	$F'(t)$	—	$\lambda(t)e^{-\int_0^t \lambda(t)dt}$
$\lambda(t)$	$\dfrac{-R'(t)}{R(t)}$	$\dfrac{F'(t)}{1-F(T)}$	$\dfrac{f(t)}{1-\int_0^t f(t)dt}$	—

2.2.6 寿 命

寿命是可靠性的一种表征形式,是产品具有可靠性要求下的时间属性,是反映产品可靠性的时间指标。其主要有平均寿命、可靠寿命、中位寿命及特征寿命等几种形式。

1. 平均寿命

平均寿命即平均无故障工作时间,是寿命(无故障工作时间)的平均值。平均寿命是寿命随机变量的数学期望,记为 θ。

由

$$E(x) = \int_{-\infty}^{+\infty} xf(x)dx$$

可知

$$\theta = E(t) = \int_0^{+\infty} tf(t)dt \tag{2.19}$$

将式(2.6)代入式(2.19),得

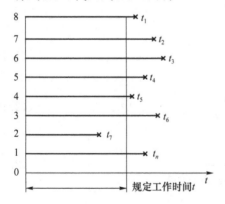

图 2.8 不可修复产品寿命示意图

$$\theta = \int_0^{+\infty} R(t)dt \tag{2.20}$$

即为平均寿命与可靠度之间的表达式。

对于不可修复产品,当所有试验样品都观察到寿命终了的实际值时,平均寿命是指它们的算术平均值;当不是所有试验样品都观测到寿命终了的截尾试验时,平均寿命是指受试样品的累积试验时间与失效数之比。图2.8所示为不可修复产品寿命示意图,其平均寿命表示为 MTTF (Mean Time To Failure)。

此时，

$$\theta = \mathrm{MTTF} = \frac{1}{N}\sum_1^N t_i \tag{2.21}$$

当可靠度 $R(t)=\mathrm{e}^{-\lambda t}$ 时，

$$\theta = \int_0^{+\infty} \mathrm{e}^{-\lambda t}\,\mathrm{d}t = \frac{1}{\lambda} \tag{2.22}$$

可见，对于寿命服从指数分布的产品，其平均寿命等于失效率的倒数。

对于可修复产品，平均寿命是指一个或多个产品在它的使用寿命期内的某个观察期间累积工作时间与故障次数之比。可修复产品的平均寿命表示为 MTBF（Mean Time Between Failure），如图 2.9 所示。此时，

$$\theta = \mathrm{MTBF} = \frac{1}{N}\sum_1^N t_i = \frac{T}{N} \tag{2.23}$$

式中：N——观测时间内总故障次数；

t_i——工作时间；

T——观测时间内总工作时间。

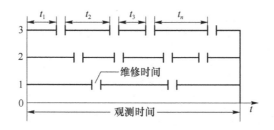

图 2.9 可修复产品的寿命示意图

2. 可靠寿命

可靠寿命是可靠度为给定 R 时的产品的寿命时间，记为 t_R。由 $R=R(t)$ 解出的 t 值即可靠度寿命 t_R。一般来说，R 越大，t_R 越小；R 越小，t_R 越大。R 与 t_R 的关系如图 2.10 所示。

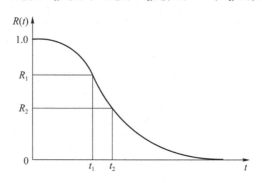

图 2.10 R 与 t_R 的关系

当可靠度 $R=0.5$ 时，对应的寿命称为中位寿命，记为 $t_{0.5}$。当可靠度 $R=\mathrm{e}^{-1}=0.36$ 时，对应的寿命称为特征寿命，记为 $t_{\mathrm{e}^{-1}}$。根据式（2.21），当失效规律服从指数分布时，特征寿命

即产品的平均寿命。

课后复习题

1. 什么是可靠性、维修性、可用性及耐久性？

2. 什么是可靠度、故障率、失效密度及失效率？

3. 列表表达 $R(t)$、$F(t)$、$f(t)$ 和 $\lambda(t)$ 之间的关系。

4. 失效率的三个阶段是什么？各有什么特点？

5. 某产品的失效数据为指数分布，其失效概率为 λ，求该产品的可靠度、故障概率、失效密度函数表达式。

6. 已知某电子元器件一批 1 000 只，使用 50 h 失效 100 只，使用到 100 h 又失效 50 只，试求 $t=50$ h 和 $t=100$ h 时的可靠度。

7. 某产品一批次 2 000 台，使用 2 000 天，失效 200 台，再使用 1 000 天，又失效 250 台，再使用 150 天，又失效 150 台，试求该产品的失效概率密度及 $t=2$ 000 天和 $t=3$ 000 天时的失效率。

第3章 结构可靠性设计

3.1 结构可靠性概述

结构可靠性设计是机械可靠性设计的一个重要组成部分,机械可靠性设计与传统机械设计方法不同。传统机械设计又称为安全系数法,即为了获得可靠的设计结构而引入一个"安全"的设计系数,该系数一般并非由理论分析获得,而是通过长期的工程设计经验选取,是一个经验系数。一般来说,安全系数为最小强度与最大应力载荷之比。安全系数法认为,只要在设计时选取的安全系数大于1,或者选用高于某一特定经验值的安全系数就能够满足设计要求,保证结构可靠。

然而实际上,安全系数法并未考虑各个参数、变量的随机性的影响。安全系数也没有理论基础,其值在确定过程中有较大的主观随意性。为了确保结构安全可靠,一般设计人员往往习惯选取较大的安全系数进行结构设计,这就造成了资源和成本的浪费。在航空设计领域,有着"一克质量换一克黄金"的说法,美国波音公司在研制波音787飞机的过程中,曾经为达到减重2 500 kg的目标,追加3亿美元研究经费。

结构可靠性设计有着概率与数理统计的理论基础,有着严谨的计算方法,既考虑了随机变量的均值,又考虑了随机变量的分散性。以科学计算方法保证了结构的可靠性,同时又保证了结构参数控制在"验算点"附近,减轻了质量。因此,结构可靠性设计在航空设计领域获得了广泛的应用。

3.1.1 基本随机变量

一般情况下,影响机械结构可靠性的主要因素包括外载荷、尺寸参数、材料属性等随机变量。以航空发动机为例,其主要考虑的随机变量有:

1. 发动机所承受的结构载荷

发动机所承受的结构载荷主要包括:机械载荷、气动载荷及热载荷等。这些载荷都不是稳态载荷,随着工作状态、时间的变化而发生变化。另外,不同的飞行环境、姿态都会导致结构载荷的变化,使得载荷的分散性表征极为明显。

机械产品所承受的载荷一般都是随机性载荷。载荷随着时间的变化称为载荷-时间历程,简称载荷历程。根据变化情况,可将机械载荷分成3种类型:

1) 永久载荷

永久载荷指在工作期间内,载荷变化很小,可以忽略不计。例如,飞机自重。

2) 交变载荷

交变载荷指工作期间内,载荷大小、方向随着时间的变化而发生变化。例如,飞机气动载荷。

3）冲击载荷

冲击载荷指工作期间内，偶然出现的载荷。其特点是作用时间短，载荷量值大。例如，飞机阵风载荷。

2．发动机的几何形状与尺寸

发动机的几何形状与尺寸参数是需要考虑的重要的随机变量，具有一定的分散性，应根据设计时的尺寸、偏差以及加工工艺方法予以确定分布概型和统计参数。在应力集中处，如孔、圆角等位置，要给予足够的重视；对结构承载影响不大的位置或特征，为了简化计算，可以对某些参数按照确定性参数处理。

机械零件中，需要考虑的尺寸随机变量包括：长度、宽度、高度（厚度）、孔（轴）径、孔深、中心距及剖面参数等。

3．发动机的材料

发动机的材料性能是由所使用材料试件的试验数据获得的。原始数据具有随机性和离散性，常规设计一般使用材料参数的均值或极值，并未考虑材料参数的随机性。在发动机结构可靠性设计中一般需要考虑的材料性能参数包括：

1）弹性模量 E

一般地讲，对弹性体施加一个外界作用，弹性体会发生形状的改变（称为"应变"），材料在弹性变形阶段，其应力和应变成正比例关系（即符合胡克定律），其比例系数称为弹性模量。弹性模量是描述物质弹性的一个物理量，是一个总称，包括"杨氏模量"、"剪切模量"和"体积模量"等。

2）泊松比 ν

泊松比 ν 是以法国数学家 Simeom Denis Poisson 的名字命名的。在材料的比例极限内，由均匀分布的纵向应力所引起的横向应变与相应的纵向应变之比的绝对值称为泊松比。一般来说，泊松比的离散程度相对较小。

3）材料强度 S

发动机的材料强度不同于标准试件的材料强度，其分散性表现尤为明显。这种分散性主要受发动机的结构几何特征和工艺状态等影响。在可靠性设计中常用到的材料机械强度包括强度极限 S_b、屈服极限 S_s 和疲劳极限 S_r 等。

强度极限是物体在外力作用下发生破坏时出现的最大应力，也可称为破坏强度或破坏应力，一般用标称应力表示。根据应力种类的不同，可分为拉伸强度、压缩强度和剪切强度等。

屈服极限也称为流动极限。材料受外力到一定限度时，即使不增加负荷，它仍继续发生明显的塑性变形。

材料在受到随时间交替变化的荷载作用时，所产生的应力也会随时间的作用交替变化，这种交变应力超过某一极限强度而且长期反复作用即会导致材料被破坏，这个极限称为材料的疲劳极限。疲劳极限是材料学里的一个极其重要的物理量，表示一种材料对周期应力的承受能力。在疲劳试验中，应力交变循环大至无限次而试样仍不破损时的最大应力即为疲劳极限。

通常来说，强度极限服从正态分布或者近似正态分布，屈服极限服从近似正态分布，疲劳极限服从正态或对数正态分布。

4. 其他重要的参数

其他重要的参数,比如环境参数、生产工艺等,若需要考虑分散性和随机性的影响,亦按照随机变量处理。如果考虑动态可靠性的演变,则时间历程也将考虑进去。

以某型发动机为例,假设进行机械结构静力可靠性设计。其中,所受机械载荷记为 F,其尺寸分别为 l_a、l_b、l_c,弹性模量 E、泊松比 ν、强度极限 S_b,其他参数不予考虑随机性的影响,即按照确定性参数参与计算,则该次设计的随机变量向量表示为 $X=(F,l_a,l_b,l_c,E,\nu,S_b)^T$。在进行可靠性设计之前,需要确定这些随机变量的分布概型、均值以及标准差。

3.1.2　结构可靠性设计的流程

结构可靠性设计的基本步骤包括:

1) 明确可靠性目标,确定可靠性指标

对产品进行功能和性能分析,确认产品的工作任务,明确详细的技术指标、性能指标及可靠性指标。例如进行涡轮盘的结构设计时,就单一低循环疲劳失效模式而言,要求可靠度大于或等于 99.87%。在此基础上,可以通过"安全寿命法"对涡轮盘进行定寿。

2) 失效模式分析,确定临界状态

机械结构的可能失效模式一般有材料屈服、疲劳断裂、变形过度、压杆失稳、腐蚀磨损、共振、噪声过大、化学浸蚀、蠕变、热变形等。如涡轮盘比较常见的失效模式为轮盘超转破裂、低循环疲劳、振动导致的高循环疲劳、裂纹扩展和断裂、外径伸长、腹板屈曲变形等。准确找到主导失效模式及其原因,是整个涡轮盘可靠性设计的基础和前提。

3) 确定随机变量及其分布参数

在进行随机变量选择时,应当选择对设计结果有影响的,能够量化并且是相互独立的变量。通过试验或者查阅手册获取各个随机变量的分布概型、均值、标准差(方差、协方差)甚至三阶偏态与四阶峰态值。

4) 建立结构功能函数

建立结构功能函数包括确定应力函数、确定强度函数和建立应力-强度干涉模型。对于不同失效模式,在确定载荷、尺寸、材料属性等设计变量及参数以后,根据相互之间的关系,确定应力函数和应力分布。零件的强度可通过试验数据分析及查阅手册后获得,如零件的疲劳强度;也可通过设计计算获取,如机翼气弹分析时的颤振速度。这里的应力、强度指的是广义应力、广义强度。最后根据状态函数和极限状态方程建立应力-强度干涉模型。

5) 进行可靠性设计

这一步是结构可靠性设计的重点。一般来说,从失效模式考虑有单一失效模式可靠性设计、多失效模式可靠性设计、相关失效模式可靠性设计;从时间历程考虑有静态可靠性设计、动态可靠性设计、渐变可靠性设计;从受力情况考虑有静力可靠性设计、瞬态可靠性设计、稳态可靠性设计、振动可靠性设计、频率可靠性设计、稳健可靠性设计;从结构形式考虑有线性可靠性设计、非线性可靠性设计;从设计目标考虑有单一指标可靠性设计、多目标可靠性设计;另外,还有结构可靠性设计、疲劳可靠性设计、寿命可靠性设计等。不同的工作情况,采用的可靠性设计方法也不同。

6）进行重设计

综合技术、可靠性、经济性等指标进行重设计。结构可靠性设计流程如图3.1所示。

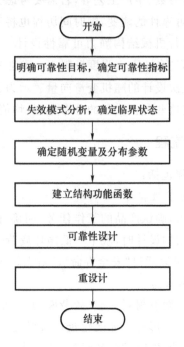

图 3.1　结构可靠性设计流程

3.1.3　结构可靠性设计的基本概念

1. 状态函数和极限状态方程

当进行结构可靠性设计时,根据结构设计的功能和任务,要建立相应的状态函数,一般用 $g(\boldsymbol{X})$ 来表示,其中,$\boldsymbol{X}=(X_1,X_2,X_3,\cdots,X_n)^{\mathrm{T}}$ 为基本随机变量。其一般表现形式为

$$Z=g(\boldsymbol{X})=g(X_1,X_2,X_3,\cdots,X_n)=E-\sigma \tag{3.1}$$

式中:E——广义强度;

　　σ——广义应力。

E 和 σ 既可以是单一变量形式,也可以是函数表达式,根据实际工程情况加以描述。例如,在进行机翼气弹可靠性分析时,状态函数建立如下:

$$Z=g(\boldsymbol{X})=0.85V_f^{*}-V_f \tag{3.2}$$

式中:V_f^{*}——临界飞行速度。

　　V_f——实际飞行速度。

　　$\boldsymbol{X}$——基本随机变量,$\boldsymbol{X}=(\mu,a,b,x,\gamma,\omega,\mathrm{Rw})^{\mathrm{T}}$,其中:

　　μ——翼段与空气质量比(质量比);

　　a——弹性轴至翼弦中点的距离对半翼弦长的百分率(弹性轴在中点下游时,a 为正值,
　　　　机翼刚心到弦线中点的无量纲距离);

b——参考长度(半翼弦长);

x——重心到弹性轴的距离,量纲为 1,或称其为重心在刚心之后的无量纲距离(质心到刚心距离,重心在刚心后为正,机翼重心到刚心的无量纲距离);

γ——对弹性轴的回转半径,量纲为 1,或称其为机翼对刚心的无量纲回转半径(基于半翼弦长的,绕弹性轴的无量纲回转半径,机翼对刚心的无量纲回转半径);

ω——翼段作单纯扭转振动时的固有频率(非耦合频率、俯仰运动的非耦合固有频率、机翼扭转模态的频率即俯仰频率);

Rw——单纯弯曲与单纯扭转固有频率之比(非耦合频率比)。

对于机械结构,一般可以用状态函数的取值是否大于 0 来表征其能否保持规定功能。$g(\boldsymbol{X})>0$ 表示可靠状态,$g(\boldsymbol{X})<0$ 表示失效状态,$g(\boldsymbol{X})=0$ 表示临界状态。$g(\boldsymbol{X})=0$ 为结构从可靠状态向失效状态转换的中间状态,称为极限状态方程。如果 $g(\boldsymbol{X})$ 能够明确转化为 $\boldsymbol{X}=(X_1,X_2,X_3,\cdots,X_n)^{\mathrm{T}}$ 的确切表达式,则 $g(\boldsymbol{X})$ 为显式状态函数;否则,$g(\boldsymbol{X})$ 为隐式状态函数。如式(3.2),从表达式中反映不出 $g(\boldsymbol{X})$ 与基本随机变量 $\boldsymbol{X}=(\mu,a,b,x,\gamma,\omega,\mathrm{Rw})^{\mathrm{T}}$ 的明确函数关系,故该状态函数为隐式状态函数。

2. 应力-强度干涉模型

结构可靠性分析就是在明确应力及强度的概率分布的基础上,利用应力-强度干涉模型,建立极限状态方程,利用可靠性求解方法,计算出可靠度或者失效概率,获得基本随机变量的取值。整个过程如图 3.2 所示。

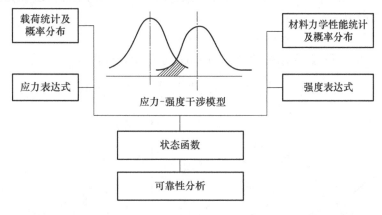

图 3.2　可靠性分析过程

基于统计分布函数的性质,从图 3.2 中的应力-强度干涉模型可以看出,应力概率密度曲线和强度概率密度曲线在一定条件下可以发生交叉,形成图中阴影部分。在该区域,结构可能会出现失效,称为干涉区。可靠性分析正是基于此进行的可靠度计算。

3. 可靠度指标

可靠度指标 β 是最常用来表征结构可靠性的指标之一。对于结构可靠度而言,可靠度指标 β 与可靠度 R 满足以下关系式:

$$R=\Phi(\beta),\quad \beta=\Phi^{-1}(R) \tag{3.3}$$

式中:$\Phi(\cdot)$——标准正态分布函数。

可靠度指标 β 与可靠度 R 是一一对应的关系,β 越大,R 越大;反之,β 越小,R 越小。表 3.1 给出了一般可靠度指标 β 与可靠度 R 之间的数值关系。

可靠度指标 β 一般定义为状态函数的均值 μ_Z 与标准差 σ_Z 之比。

$$\beta = \frac{\mu_Z}{\sigma_Z} \tag{3.4}$$

表 3.1 可靠度指标 β 与可靠度 R 的对应关系

β	R
0	0.5
1	0.841 3
2	0.977 3
3	0.998 7
4	0.999 968

3.2 机械结构可靠性

3.2.1 机械结构可靠性模型的建立

强度-应力干涉图如图 3.3 所示,图 3.4 所示是将图 3.3 中的干涉区域放大后的情况。用概率表示的可靠度为

$$R = P(x_r > x_s) = P[(x_r - x_s > 0)] \tag{3.5}$$

首先研究图 3.4 所示放大图中的 $f_s(x_s) \cdot \mathrm{d}x_s$ 小面积,可得

$$P\left(x_s - \frac{\mathrm{d}x_s}{2} \leqslant x_s \leqslant x_s + \frac{\mathrm{d}x_s}{2}\right) = f_s(x_s) \cdot \mathrm{d}x_s \tag{3.6}$$

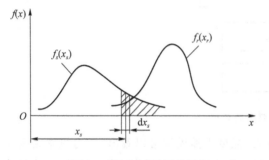

图 3.3 强度-应力干涉图

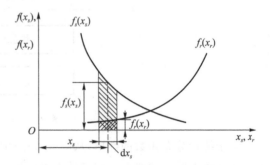

图 3.4 强度-应力干涉放大图

强度 x_r 大于应力 x_s 的概率为

$$P(x_r > x_s) = \int_{x_s}^{\infty} f_r(x_r) \mathrm{d}x_r \tag{3.7}$$

假定这是两个相互独立的随机事件,则它们同时发生的概率为

$$\mathrm{d}R = f_s(x_s) \mathrm{d}x_s \int_{x_s}^{\infty} f_r(x_r) \mathrm{d}x_r \tag{3.8}$$

机械产品的可靠度是 x_r 大于 x_s 的所有概率，即式(3.8)对取任意值均成立，故

$$R = \int_{-\infty}^{\infty} f_s(x_s)\mathrm{d}x_s \int_{x_s}^{\infty} f_r(x_r)\mathrm{d}x_r \tag{3.9}$$

同理，可靠度 R 的定义为：x_s 小于强度 x_r 的概率，即先考虑 x_r，它落在区域 $\mathrm{d}x_r$ 的概率为

$$P\left(x_r - \frac{\mathrm{d}x_s}{2} \leqslant x_r \leqslant x_r + \frac{\mathrm{d}x_s}{2}\right) = f_r(x_r) \cdot \mathrm{d}x_r \tag{3.10}$$

应力 x_s 小于 x_r 的概率为

$$P(x_s < x_r) = \int_{-\infty}^{x_r} f_s(x_s)\mathrm{d}x_s \tag{3.11}$$

假定这是两个相互独立的随机事件，则它们同时发生的概率为

$$\mathrm{d}R = f_r(x_r)\mathrm{d}x_r \int_{-\infty}^{x_r} f_s(x_s)\mathrm{d}x_s \tag{3.12}$$

对 x_r 所有可能的值求积分，得

$$R = \int_{-\infty}^{\infty} f_r(x_r)\mathrm{d}x_r \int_{-\infty}^{x_r} f_s(x_s)\mathrm{d}x_s \tag{3.13}$$

式(3.9)和式(3.13)是在给出应力与强度概率密度函数后，计算可靠度的一般表达式。

3.2.2　应力与强度均为正态分布的可靠性计算

设某产品承受的应力与强度均为正态分布，已知应力为

$$x_s \sim N(\mu_s, \sigma_s^2), \quad f_s(x_s) = \frac{1}{\sqrt{2\pi}\sigma_s} \mathrm{e}^{-\frac{(x_s - \mu_s)^2}{2\sigma_r^2}} \tag{3.14}$$

强度为

$$x_r \sim N(\mu_r, \sigma_r^2), \quad f_r(x_r) = \frac{1}{\sqrt{2\pi}\sigma_r} \mathrm{e}^{-\frac{(x_r - \mu_r)^2}{2\sigma_r^2}} \tag{3.15}$$

式中：μ_s、σ_s^2——应力的平均值与标准差；

$\quad\quad \mu_r$、σ_r^2——强度的平均值与标准差。

现在根据可靠度是强度与应力之差大于零的概率表示，则

$$R = P(x_r > x_s) = P[(x_r - x_s) > 0] \tag{3.16}$$

由正态分布的加法定理可知，令 $x_r - x_s = x$，也服从正态分布，即

$$x \sim N(\mu, \sigma^2), \quad f(x) = \frac{1}{\sqrt{2\pi}\sigma} \mathrm{e}^{-\frac{(x-\mu)^2}{2\sigma^2}}, \quad \sigma = \sqrt{\sigma_s^2 + \sigma_r^2}$$

式中：μ——强度与应力均值之差，$\mu = \mu_r - \mu_s$；

$\quad\quad \sigma$——强度与应力值差的标准差，$\sigma = \sqrt{\sigma_s^2 + \sigma_r^2}$。

于是，系统的可靠度为

$$R = P(x > 0) = \int_0^{\infty} \frac{1}{\sqrt{2\pi}\sigma} \mathrm{e}^{-\frac{(x-\mu)^2}{2\sigma^2}} \mathrm{d}x \tag{3.17}$$

式(3.17)计算比较麻烦，应用正态分布概率的表格非常方便，这时需要将式(3.17)变为正态分布的标准化形式，即 $x = 0$，$z = -\dfrac{\mu}{\sigma}$；$x = \infty$，$z = \infty$。

令

$$z = \frac{x - \bar{\mu}}{\sigma}$$

则

$$dz = \frac{dx}{\sigma}$$

当 $x=0, z=-\frac{\mu}{\sigma}; x=\infty, z=\infty$ 时

$$R = P(x>0) = \int_{-\frac{\mu}{\sigma}}^{\infty} \frac{1}{\sqrt{2\pi}} e^{-\frac{z^2}{2}} dz \qquad (3.18)$$

由于正态分布是对称的,因此可以写为

令

$$\beta = \frac{\mu}{\sigma}$$

则

$$R = P(x>0) = \int_{-\infty}^{\beta} \frac{1}{\sqrt{2\pi}} e^{-\frac{z^2}{2}} dz \qquad (3.19)$$

β 在可靠性分析中定义为可靠度指标,其中 $R=\Phi(\beta)$ 表示概率密度函数,在标准正态分布函数中, $\beta=\Phi^{-1}(R)$ 。由于

$$\beta = \frac{\mu_r - \mu_s}{\sqrt{\sigma_r^2 + \sigma_s^2}} \qquad (3.20)$$

故

$$R = \int_{-\infty}^{\beta} \frac{1}{\sqrt{2\pi}} e^{-\frac{\beta}{2}} d\beta \qquad (3.21)$$

式(3.21)为可靠度表达式,当给定 β 时可查表3.1给出的 R;反之给定 R 时,也可以求出 β,如例3.1所示。

例3.1 某飞机防扭臂固定接头(见图3.5),该产品应用铝合金材料(5070),该材料屈服强度为356.8 MPa,抗拉强度为3 976 MPa,进行整体分析,得到该零件的应力均值 $\mu_s=$ 157.48 MPa,应力标准差 $\sigma_s=31.496$ MPa,强度均值 $\mu_r=356.8$ MPa,强度标准差 $\sigma_r=$ 71.36 MPa,求该零件的可靠度。

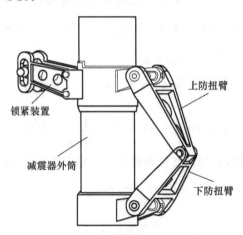

锁紧装置

上防扭臂

减震器外筒

下防扭臂

图3.5 飞机防扭臂示意图

解：

$$\beta = \frac{\mu_r - \mu_s}{\sqrt{\sigma_r^2 + \sigma_s^2}} = \frac{(356.8 - 157.48)\,\text{MPa}}{\sqrt{71.36^2 + 31.496^2}\,\text{MPa}} \approx 2.555$$

通过查标准正态分布表可得

$$R = \Phi(\beta) = 0.993\,79$$

3.3　一次二阶矩法

一次二阶矩法(First Order Reliability Method,FORM)在结构可靠性计算中是最常用的一种数值计算方法,该方法对机械结构状态函数进行泰勒展开,取其常数项及随机变量的一阶矩和二阶矩,进行可靠度指标的 β 计算,进而获得结构的可靠度 R。

3.3.1　均值点法

均值点法(MEAN)是早期提出的一种基本的一次二阶矩方法,其中心思想是将状态函数在随机变量的均值点处进行泰勒展开,保留至一次项。近似计算出状态函数的均值和标准差。

假设某一机械结构的随机变量为 $\boldsymbol{X} = (X_1, X_2, X_3, \cdots, X_n)^{\mathrm{T}}$,各随机变量之间相互无关。其随机变量为

$$Z = g(\boldsymbol{X}) = g(X_1, X_2, X_3, \cdots, X_n)$$

则随机变量的近似泰勒展开为

$$Z = g(\boldsymbol{X}) = g(\mu_{X_1}, \mu_{X_2}, \cdots, \mu_{X_n}) + \sum_{i=1}^{n} \frac{\partial g}{\partial x_i}\bigg|_{\mu_{X_i}} (x_i - \mu_{X_i}) \tag{3.22}$$

可靠度指标 β 表示为

$$\beta = \frac{\mu_Z}{\sigma_Z} = \frac{g(\mu_{X_1}, \mu_{X_2}, \cdots, \mu_{X_n})}{\left[\sum_{i=1}^{n} \left(\frac{\partial g}{\partial x_i}\bigg|_{\mu_{X_i}} \sigma_{x_i} \right)^2 \right]^{\frac{1}{2}}} \tag{3.23}$$

利用均值点法计算结构可靠度的流程如下:

① 按照式(3.22)将结构的状态函数进行泰勒展开;

② 按照式(3.23)计算结构可靠度指标 β。

例 3.2　假设某结构的状态函数为 $g(\boldsymbol{X}) = r - l$,基本随机变量 $\boldsymbol{X} = (r, l)^{\mathrm{T}}$ 相互无关,且服从正态分布。试利用均值点法计算其可靠度指标 β。

解：基本随机变量的均值和标准差分别为 (μ_r, σ_r)、(μ_l, σ_l)。状态函数的均值和标准差分别为

$$\mu_Z = \mu_r - \mu_l$$

$$\sigma_Z = \sqrt{\sigma_r^2 + \sigma_l^2}$$

则按照式(3.23)可得

$$\beta = \frac{\mu_Z}{\sigma_Z} = \frac{\mu_r - \mu_l}{\sqrt{\sigma_r^2 + \sigma_l^2}}$$

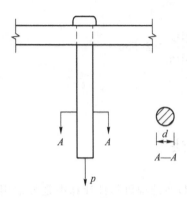

图 3.6　圆截面直杆

例 3.3　图 3.6 所示为某型飞机上所用圆截面直杆，承受拉力 $p=10^5$ N（定载荷），设材料的应力屈服极限 F 和杆的直径 d 为随机变量，其均值和标准差分别为：$\mu_F=290$ N/mm²，$\sigma_F=25$ N/mm²，$\mu_d=30$ mm，$\sigma_d=3$ mm，已知其强度校核公式为

$$E-p=\frac{\pi}{4}Fd^2-p$$

试计算该杆的抗拉可靠度指标。

解：随机变量 $\boldsymbol{X}=(X_1,X_2)^{\mathrm{T}}=(F,d)^{\mathrm{T}}$，极限状态方程为

$$Z=g(\boldsymbol{X})=E-p=\frac{\pi}{4}Fd^2-p=0$$

$$\mu_Z=g(\mu_F,\mu_d)=\frac{\pi}{4}\times290\text{ N/mm}^2\times30^2\text{ mm}^2-10^5\text{ N}=104\,998.92\text{ N}$$

$$\frac{\partial g}{\partial x_1}=\frac{\partial g}{\partial F}=\frac{\pi}{4}\times\mu_d^2=\frac{\pi}{4}\times30^2\text{ mm}^2=706.86\text{ mm}^2$$

$$\frac{\partial g}{\partial x_2}=\frac{\partial g}{\partial d}=\frac{\pi}{2}\times\mu_F\times\mu_d=\frac{\pi}{2}\times290\text{ N/mm}^2\times30\text{ mm}=13\,665.93\text{ N/mm}$$

$$\sigma_Z=\sqrt{\left(\frac{\partial g}{\partial x_1}\sigma_{x_1}\right)^2+\left(\frac{\partial g}{\partial x_2}\sigma_{x_2}\right)^2}=\sqrt{\left(\frac{\partial g}{\partial F}\sigma_F\right)^2+\left(\frac{\partial g}{\partial d}\sigma_d\right)^2}$$

$$=\sqrt{(706.86\text{ mm}^2\times25\text{ N/mm}^2)^2+(13\,665.93\text{ N/mm}\times3\text{ mm})^2}$$

$$=44\,644.16\text{ N}$$

$$\beta=\frac{\mu_Z}{\sigma_Z}=\frac{104\,998.92\text{ N}}{44\,644.16\text{ N}}=2.352$$

$$R=\Phi(\beta)=0.990\,656$$

例 3.4　对例 3.3 中的极限状态方程进行如下变换（本例题仅从数学角度进行验证）：

$$\frac{\pi}{4}Fd^2-p=0\Rightarrow\frac{\pi}{4}Fd^2=p\Rightarrow F=\frac{4p}{\pi d^2}\Rightarrow F-\frac{4p}{\pi d^2}=0$$

则该直杆状态方程可以表示为 $Z=g(\boldsymbol{X})=F-\dfrac{4p}{\pi d^2}$，试计算直杆的可靠度指标。

解：

$$\mu_Z=g(\mu_F,\mu_d)=290-\frac{4\times10^5}{\pi\times30^2}=148.528\,9$$

$$\frac{\partial g}{\partial x_1}=\frac{\partial g}{\partial F}=1$$

$$\frac{\partial g}{\partial x_2}=\frac{\partial g}{\partial d}=\frac{8p}{\pi d^3}=\frac{8\times10^5}{\pi\times30^3}=9.431\,4$$

$$\sigma_Z=\sqrt{\left(\frac{\partial g}{\partial x_1}\sigma_{x_1}\right)^2+\left(\frac{\partial g}{\partial x_2}\sigma_{x_2}\right)^2}=\sqrt{\left(\frac{\partial g}{\partial F}\sigma_F\right)^2+\left(\frac{\partial g}{\partial d}\sigma_d\right)^2}$$

$$=\sqrt{(1\times25)^2+(9.431\,4\times3)^2}=37.756\,6$$

$$\beta = \frac{\mu_Z}{\sigma_Z} = \frac{148.528\,9}{37.756\,6} = 3.934$$

$$R = \Phi(\beta) = 0.999\,958\,18$$

从例 3.3 和例 3.4 可以看出,对于同一个结构,计算结果明显不同,差异很大。但是,利用均值点法进行可靠度的求解,不需要进行多次迭代,一次计算就可以获得可靠度指标。计算过程简单明了,计算速度快,成本低。这是均值点法的优点。同时,均值点法还存在以下缺点:

① 对于同一个研究对象,其力学意义相同,但状态函数的表达式不同,计算结果可能不同;

② 当状态函数为非线性时,均值点法未考虑非线性的影响,状态函数在均值点处展开,计算结果可能会出现较大的误差;

③ 均值点法未考虑随机变量的真实分布情况,均假设基本随机变量服从正态分布。

由于均值点法具有上述缺点,所以逐步发展了更为科学可行的可靠度计算方法。

3.3.2　改进的一次二阶矩法(验算点法,FORM)

1974 年,Hasofer 和 Lind 更加科学地定义了可靠度指标,并引入了验算点的概念。可靠度指标 β 定义为:标准正态空间内,坐标原点到极限状态曲面的最短距离。将最短距离在极限状态曲面对应的点定义为设计验算点(Most Probable Point,MPP),记为 $\boldsymbol{X}^* = (X_1^*, X_2^*, \cdots, X_n^*)^{\mathrm{T}}$。因此,也称为验算点法。验算点法的实施步骤如下:

① 以基本随机变量均值点作为初始验算点:

$$\boldsymbol{X}^{*(0)} = (X_1^{*(0)}, X_2^{*(0)}, \cdots, X_n^{*(0)}) = (\mu_{x1}, \mu_{x2}, \cdots, \mu_{xn}) \tag{3.24}$$

② 计算可靠度指标 β:

$$\beta = \frac{\mu_Z}{\sigma_Z} = \frac{g(x_1^*, x_2^*, \cdots, x_n^*) + \sum_{i=1}^{n} \frac{\partial g}{\partial x_i}\Big|_{x_i^*} (\mu_{x_i} - x_i^*)}{\left[\sum_{i=1}^{n} \left(\frac{\partial g}{\partial x_i}\Big|_{x_i^*} \sigma_{x_i} \right)^2 \right]^{1/2}} \tag{3.25}$$

③ 计算重要度系数 $\alpha_i (i = 1, 2, \cdots, n)$:

$$\alpha_i = \frac{\frac{\partial g}{\partial x_i}\Big|_{x_i^*} \sigma_{x_i}}{\left[\sum_{i=1}^{n} \left(\frac{\partial g}{\partial x_i}\Big|_{x_i^*} \sigma_{x_i} \right)^2 \right]^{\frac{1}{2}}} \tag{3.26}$$

重要度系数 α_i(也称为灵敏度系数)实际上是各基本变量的不定性对可靠度影响的"权",有

$$|\alpha_i| < 1, \quad \sum_{i=1}^{n} \alpha_i^2 = 1 \tag{3.27}$$

④ 计算新的验算点:

$$x_i^* = \mu_{x_i} - \alpha_i \beta \sigma_{x_i}, \quad i = 1, 2, \cdots, n \tag{3.28}$$

⑤ 给定一小数 ε(一般 $\varepsilon = 0.01$),若 $\beta_k - \beta_{k-1} < \varepsilon$,则停止迭代,$\beta_{k-1}$ 即所求可靠度指标;否则,转至②重新计算,直至满足条件为止。验算点法的计算流程如图 3.7 所示。

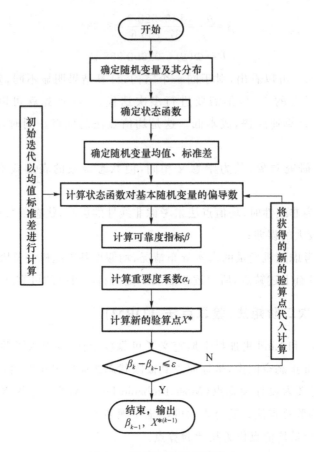

图 3.7 验算点法计算流程

例 3.5 对图 3.6 所示的圆截面直杆进行可靠度指标计算。已知条件同例 3.3。

解：已知基本随机变量 $\boldsymbol{X}=(X_1,X_2)$，$T=(F,d)$，T 服从正态分布，因此本例题可直接越过计算步骤②。初始验算点选取基本随机变量的均值点处。

第一次迭代：

$$\boldsymbol{X}^{*(0)}=(X_1^{*(0)},X_2^{*(0)})=(\mu_{x1},\mu_{x2})=(290,30)$$

$$\frac{\partial g}{\partial x_1}=\frac{\partial g}{\partial F}=\frac{\pi}{4}\times\mu_d^2=\frac{\pi}{4}\times30^2 \text{ mm}^2=706.86 \text{ mm}^2$$

$$\frac{\partial g}{\partial x_2}=\frac{\partial g}{\partial d}=\frac{\pi}{2}\times\mu_F\times\mu_d=\frac{\pi}{2}\times290 \text{ N/mm}^2\times30 \text{ mm}=13\,665.93 \text{ N/mm}$$

$$\beta_1=\frac{g(\mu_{x_1},\mu_{x_2})}{\sqrt{\left(\frac{\partial g}{\partial x_1}\sigma_{x_1}\right)^2+\left(\frac{\partial g}{\partial x_2}\sigma_{x_2}\right)^2}}=\frac{\frac{\pi}{4}\times290\times30^2-10^5}{\sqrt{(706.86\times25)^2+(13\,665.93\times3)^2}}=2.352$$

$$\alpha_1=\frac{\frac{\partial g}{\partial x_1}\Big|_{x_i^*}\sigma_{x_1}}{\left[\sum_{i=1}^n\left(\frac{\partial g}{\partial x_i}\Big|_{x_i^*}\sigma_{x_i}\right)^2\right]^{\frac{1}{2}}}=\frac{706.86\times25}{\sqrt{(706.86\times25)^2+(13\,665.93\times3)^2}}=\frac{17\,671.5}{44\,644.13}=0.395\,8$$

$$\alpha_2 = \frac{13\,665.\,93 \times 3}{44\,644.\,13} = 0.\,918\,3$$

$$X_1^{*(1)} = \mu_{x_1} - \alpha_1 \beta_1 \sigma_{x_1} = 290 - 0.\,395\,8 \times 2.\,352 \times 25 = 266.\,7$$

$$X_2^{*(1)} = \mu_{x_2} - \alpha_2 \beta_1 \sigma_{x_2} = 30 - 0.\,918\,3 \times 2.\,352 \times 3 = 23.\,52$$

$$X^{*(1)} = (X_1^{*(1)}, X_2^{*(1)}) = (266.\,7, 23.\,52)$$

第二次迭代：

$$g(X^{*(1)}) = \frac{\pi}{4} X_1^{*(1)} (X_2^{*(1)})^2 - 10^5 = \frac{\pi}{4} \times 266.\,7 \times 23.\,52^2 - 10^5 = 15\,874.\,41$$

$$\frac{\partial g}{\partial x_1} = \frac{\pi}{4} \times 23.\,52^2 = 434.\,475$$

$$\frac{\partial g}{\partial x_2} = \frac{\pi}{2} \times 266.\,7 \times 23.\,52 = 9\,853.\,266$$

$$\beta_2 = \frac{15\,874.\,41 + 434.\,475(290 - 266.\,7) + 9\,853.\,266(30 - 23.\,52)}{\sqrt{(434.\,475 \times 25)^2 + (9\,853.\,266 \times 3)^2}} = 2.\,853$$

$$\alpha_1 = \frac{434.\,475 \times 25}{\sqrt{(434.\,475 \times 25)^2 + (9\,853.\,266 \times 3)^2}} = 0.\,344\,9$$

$$X_1^{*(2)} = \mu_{x_1} - \alpha_1 \beta_2 \sigma_{x_1} = 290 - 0.\,344\,9 \times 2.\,853 \times 25 = 265.\,40$$

$$\alpha_2 = \frac{9\,853.\,266 \times 3}{\sqrt{(434.\,475 \times 25)^2 + (9\,853.\,266 \times 3)^2}} = 0.\,938\,6$$

$$X_2^{*(2)} = \mu_{x_2} - \alpha_2 \beta_2 \sigma_{x_2} = 30 - 0.\,938\,6 \times 2.\,853 \times 3 = 21.\,97$$

$$X^{*(2)} = (X_1^{*(2)}, X_2^{*(2)}) = (265.\,4, 21.\,97)$$

$$\beta_2 - \beta_1 = 2.\,853 - 2.\,352 = 0.\,501 > 0.\,01$$

所以，进行下一次迭代。

第三次迭代：

$$g(X^{*(2)}) = \frac{\pi}{4} X_1^{*(2)} (X_2^{*(2)})^2 - 10^5 = \frac{\pi}{4} \times 265.\,4 \times 21.\,97^2 - 10^5 = 612.\,262$$

$$\frac{\partial g}{\partial x_1} = \frac{\pi}{4} \times 21.\,97^2 = 379.\,1$$

$$\frac{\partial g}{\partial x_2} = \frac{\pi}{2} \times 265.\,4 \times 21.\,97 = 9\,159.\,06$$

$$\beta_3 = \frac{612.\,262 + 379.\,1(290 - 265.\,4) + 9\,159.\,06(30 - 21.\,97)}{\sqrt{(379.\,1 \times 25)^2 + (9\,159.\,06 \times 3)^2}} = 2.\,872$$

$$\alpha_1 = \frac{379.\,1 \times 25}{\sqrt{(379.\,1 \times 25)^2 + (9\,159.\,06 \times 3)^2}} = 0.\,326\,1$$

$$\alpha_2 = \frac{9\,159.\,06 \times 3}{\sqrt{(379.\,1 \times 25)^2 + (9\,159.\,06 \times 3)^2}} = 0.\,945\,3$$

$$X_1^{*(3)} = \mu_{x_1} - \alpha_1 \beta_3 \sigma_{x_1} = 290 - 0.\,326\,1 \times 2.\,872 \times 25 = 266.\,6$$

$$X_2^{*(3)} = \mu_{x_2} - \alpha_2 \beta_3 \sigma_{x_2} = 30 - 0.\,945\,3 \times 2.\,872 \times 3 = 21.\,86$$

$$X^{*(3)} = (X_1^{*(3)}, X_2^{*(3)}) = (266.\,6, 21.\,86)$$

$$\beta_3 - \beta_2 = 2.\,872 - 2.\,853 = 0.\,019 > 0.\,01$$

所以,进行下一次迭代,计算获得

$$\beta_4=2.872, \quad \alpha_1=0.323\,3, \quad \alpha_2=0.946\,3$$

$$X^{*(4)}=(X_1^{*(4)},X_2^{*(4)})=(266.8,21.85)$$

$$\beta_4-\beta_3=0<0.01$$

所以,最终计算结果为

$$\beta=\beta_3=2.872$$

验算点为 $X^*=(X_1^*,X_2^*)=(X_1^{*(3)},X_2^{*(3)})=(266.6,21.86)$。

例 3.6 对例 3.5 中的状态函数进行变化,令

$$Z=g(X)=F-\frac{4p}{\pi d^2}$$

条件不变,试计算可靠度指标。

解:第一次迭代:

$$X^{*(0)}=(X_1^{*(0)},X_2^{*(0)})=(\mu_{X_1},\mu_{X_2})=(290,30)$$

$$\frac{\partial g}{\partial x_1}=\frac{\partial g}{\partial F}=1$$

$$\frac{\partial g}{\partial x_2}=\frac{\partial g}{\partial d}=\frac{8\times10^5}{\pi\times30^3}=9.43$$

$$\beta_1=\frac{g(\mu_{x_1},\mu_{x_2})}{\sqrt{\left(\dfrac{\partial g}{\partial x_1}\sigma_{x_1}\right)^2+\left(\dfrac{\partial g}{\partial x_2}\sigma_{x_2}\right)^2}}=\frac{290-\dfrac{4\times10^5}{\pi\times30^2}}{\sqrt{25^2+(9.43\times3)^2}}=\frac{148.53}{37.75}=3.935$$

$$\alpha_1=\frac{25}{37.75}=0.662\,3$$

$$\alpha_2=\frac{28.29}{37.75}=0.749\,4$$

$$X_1^{*(1)}=\mu_{x_1}-\alpha_1\beta_1\sigma_{x_1}=290-0.662\,3\times3.935\times25=224.85$$

$$X_2^{*(1)}=\mu_{x_2}-\alpha_2\beta_1\sigma_{x_2}=30-0.749\,4\times3.935\times3=21.153$$

$$X^{*(1)}=(X_1^{*(1)},X_2^{*(1)})=(224.85,21.153)$$

第二次迭代:

$$\frac{\partial g}{\partial x_1}=\frac{\partial g}{\partial F}=1$$

$$\frac{\partial g}{\partial x_2}=\frac{\partial g}{\partial d}=\frac{8\times10^5}{\pi\times21.153^3}=26.9$$

$$g(X^{*(1)})=X_1^{*(1)}-\frac{4\times10^5}{\pi(X_2^{*(1)})^2}=224.85-\frac{4\times10^5}{\pi\times21.153^2}=-59.7$$

$$\beta_2=\frac{-59.7+1\times(290-224.85)+26.9(30-21.153)}{\sqrt{(1\times25)^2+(26.9\times3)^2}}=\frac{243.434\,3}{84.484}=2.881$$

$$\alpha_1=\frac{25}{84.484}=0.295\,9$$

$$\alpha_2=\frac{80.7}{84.484}=0.955\,2$$

$$X_1^{*(2)} = \mu_{x_1} - \alpha_1 \beta_2 \sigma_{x_1} = 290 - 0.295\ 9 \times 2.881 \times 25 = 268.69$$

$$X_2^{*(2)} = \mu_{x_2} - \alpha_2 \beta_2 \sigma_{x_2} = 30 - 0.955\ 2 \times 2.881 \times 3 = 21.74$$

$$X^{*(2)} = (X_1^{*(2)}, X_2^{*(2)}) = (268.69, 21.74)$$

$$|\beta_2 - \beta_1| = |2.881 - 3.935| = 1.054 > 0.01$$

所以,进行第三次迭代,计算获得

$$\beta_3 = 2.872$$

$$\alpha_1 = 0.318\ 8, \quad \alpha_2 = 0.947\ 8, \quad X^{*(3)} = (X_1^{*(3)}, X_2^{*(3)}) = (267.1, 21.83)$$

$$|\beta_3 - \beta_2| = |2.872 - 2.881| = 0.009$$

第四次迭代,计算获得

$$\beta_4 = 2.872, \quad \alpha_1 = 0.322\ 4, \quad \alpha_2 = 0.946\ 6$$

$$X^{*(4)} = (X_1^{*(3)}, X_2^{*(3)}) = (266.9, 21.84)$$

$$\beta_4 - \beta_3 = 0 < 0.01$$

所以,最终计算结果为

$$\beta_4 - \beta_3 = 0 < 0.01$$

验算点为

$$X^* = (X_1^*, X_2^*) = (X_1^{*(3)}, X_2^{*(3)}) = (267.1, 21.83)$$

对比例 3.3 和例 3.5,可靠度指标分别为 2.352(均值点法)和 2.872(验算点法);对比例 3.4 和例 3.5,可靠度指标分别为 3.634(均值点法)和 2.872(验算点法);对比例 3.5 和例 3.6,可靠度指标均为 2.872。这说明:

① 均值点法的计算结果比较粗糙,而且对于力学问题相同、状态函数表述不同的情况,计算结果可能不同;

② 验算点法具有较高的精度,具有唯一解;

③ 验算点法的计算结果不依赖状态函数的表征形式,均能获得精确结果。

以上①和②是验算点法的优势,但验算点法也有不足,因为在计算过程中,仅考虑基本随机变量服从正态分布。对于基本随机变量为非正态分布的情况,利用验算点法无法进行准确的计算,但可以通过 JC 验算点法进行非正态分布的可靠度计算。

3.3.3　当量正态化法(JC 法)

改进的一次二阶矩法适用于基本随机变量服从正态分布的情况。若基本随机变量不服从正态分布,则需要对非正态分布的随机变量进行当量正态化处理,再进行计算。该方法被国际结构安全联合会(JCSS)命名为 JC 验算点法(或 R - F 法)。其计算流程如图 3.8 所示。

利用 Rachwits - Fiessler 算法实现对非正态分布的当量化。如图 3.9 所示,在验算点 x^* 处,原随机变量的累积分布函数和概率密度函数与当量正态分布的累积分布函数和概率密度函数相等,可知

$$F_x(x^*) = \Phi(u^*) \tag{3.29}$$

$$f_x(x^*) = \frac{1}{\sigma_N} \varphi(u^*) \tag{3.30}$$

式中:

$$\mu^* = \frac{1}{\sigma_N}(x^* - \mu_N) \tag{3.31}$$

其中，μ_N、σ_N 表示正态分布的均值、标准差；$\varPhi(\cdot)$ 和 $\varphi(\cdot)$ 表示标准正态分布的累积分布函数和概率密度函数。因此，μ_N 和 σ_N 分别为

$$\sigma_N = \frac{\varphi(\varPhi^{-1}(F_x(x^*)))}{f_x(x^*)} \qquad (3.32)$$

$$\mu_N = x^* - \varphi^{-1}(F_x(x^*))\sigma_N \qquad (3.33)$$

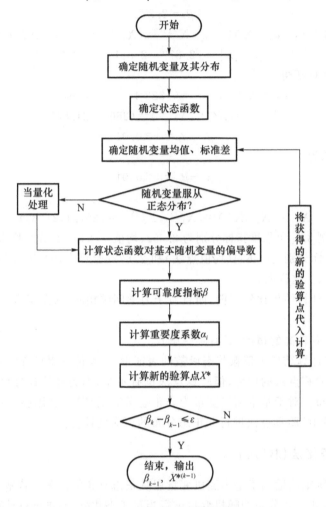

图 3.8　JC 验算点法计算流程

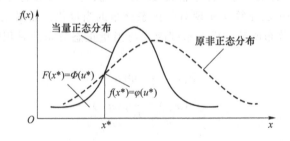

图 3.9　非正态分布的当量化

例 3.7　某航空构件的状态函数为 $Z=g(r,\ l)=r-l$，其中，r 服从对数正态分布，$\mu_r=58$，$\sigma_r=5$；l 服从正态分布，$\mu_l=48$，$\sigma_l=2.5$。试求该构件的可靠度指标及满足该可靠度指标的 r、l 取值。

解： 对于对数正态分布，有

$$\mu_{x_i}' = x_i^*(1-\ln x_i^* + \mu_{\ln x_i})$$

$$\sigma_{x_i}' = x_i^* \sigma_{\ln x_i}$$

$$\mu_{\ln x_i} = \ln \frac{\mu_{x_i}}{\sqrt{1+\delta_{x_i}^2}}$$

$$\sigma_{\ln x_i} = \sqrt{\ln(1+\delta_{x_i}^2)}$$

$$\delta_{x_i} = \frac{\sigma_{x_i}}{\mu_{x_i}}$$

因此，

$$\delta_r = \frac{\sigma_r}{\mu_r} = \frac{5}{58} = 0.086\ 2$$

$$\mu_{\ln r} = \ln \frac{\mu_r}{\sqrt{1+\delta_r^2}} = \ln \frac{58}{\sqrt{1+0.086\ 2^2}} = 4.056\ 7$$

$$\sigma_{\ln r} = \sqrt{\ln(1+\delta_r^2)} = \sqrt{\ln(1+0.086\ 2^2)} = 0.086$$

第一次迭代，初始验算点取均值点处：

$$\mu_r' = \mu_r(1-\ln \mu_r + \mu_{\ln r}) = 58 \times (1-\ln 58 + 4.056\ 7) = 57.782\ 9$$

$$\sigma_r' = \mu_r \sigma_{\ln r} = 58 \times 0.086 = 4.988$$

$$\frac{\partial g}{\partial r} = 1$$

$$\frac{\partial g}{\partial l} = -1$$

$$\beta_1 = \frac{58-48+(57.782\ 9-58)-(48-48)}{\sqrt{4.988^2+2.5^2}} = \frac{9.782\ 9}{5.579\ 4} = 1.8$$

$$\alpha_1 = \frac{4.988}{5.579\ 4} = 0.894$$

$$\alpha_2 = \frac{2.5}{5.579\ 4} = 0.448$$

$$r^{*(1)} = \mu_r' - \alpha_1 \beta_1 \sigma_r' = 57.782\ 9 - 0.894 \times 1.8 \times 4.988 = 49.756$$

$$l^{*(1)} = \mu_l - \alpha_1 \beta_1 \sigma_l = 48 - 0.448 \times 1.8 \times 2.5 = 45.984$$

$$X^{*(1)} = (49.756, 45.984)$$

第二次迭代：

$$\mu_r' = r^{*(1)}(1-\ln r^{*(1)} + \mu_{\ln r})$$

$$= 49.756(1-\ln 49.756 + 4.056\ 7) = 57.198$$

$$\sigma_r' = r^{*(1)} \sigma_{\ln r} = 49.756 \times 0.086 = 4.279$$

$$\beta_2 = \frac{49.756-45.984+(57.198-49.756)-(48-45.984)}{\sqrt{4.279^2+2.5^2}} = \frac{9.198}{4.955\ 8} = 1.856$$

$$\alpha_1 = \frac{4.279}{4.9558} = 0.8634$$

$$\alpha_2 = \frac{2.5}{4.9558} = 0.5045$$

$$r^{*(2)} = \mu'_r - \alpha_1 \beta_2 \sigma'_r = 57.198 - 0.8634 \times 1.856 \times 4.279 = 50.34$$

$$l^{*(2)} = \mu_l - \alpha_1 \beta_2 \sigma_l = 48 - 0.5045 \times 1.856 \times 2.5 = 45.66$$

$$X^{*(2)} = (50.34, 45.66)$$

$$|\beta_2 - \beta_1| = |1.856 - 1.8| = 0.056 > 0.01$$

第三次迭代：

$$\mu'_r = r^{*(2)}(1 - \ln r^{*(2)} + \mu_{\ln r}) = 50.34(1 - \ln 50.34 + 4.0567) = 57.28$$

$$\sigma'_r = r^{*(2)}\sigma_{\ln r} = 50.34 \times 0.086 = 4.33$$

$$\beta_3 = \frac{50.34 - 45.66 + (57.28 - 50.34) - (48 - 45.66)}{\sqrt{4.33^2 + 2.5^2}} = \frac{9.28}{5} = 1.856$$

$$\alpha_1 = \frac{4.33}{5} = 0.866$$

$$\alpha_2 = \frac{2.5}{5} = 0.5$$

$$r^{*(3)} = \mu'_r - \alpha_1 \beta_3 \sigma'_r = 57.28 - 0.866 \times 1.856 \times 4.33 = 50.32$$

$$l^{*(3)} = \mu_l - \alpha_1 \beta_3 \sigma_l = 48 - 0.5 \times 1.856 \times 2.5 = 45.68$$

$$X^{*(3)} = (50.32, 45.68)$$

$$|\beta_3 - \beta_2| = |1.856 - 1.856| = 0 < 0.01$$

终止迭代。该构件的可靠度指标为

$$\beta = \beta_2 = 1.856$$

验算点为 $X^* = (r^{*(2)}, l^{*(2)}) = (50.34, 45.66)$。

对于随机变量服从非正态分布的情况，除了上述 JC 验算点法以外，还有映射变换法、实用分析法、设计点法等。但对于计算精度而言，JC 验算点法比较精确，而且计算成本相差不大。因此，JC 验算点法仍然是主流算法。

3.4　二次二阶矩法

对于一般工程问题，在大多数情况下，一次二阶矩法的计算结果能够满足工程要求。对于非线性程度较高的机械结构而言，一次二阶矩法不足以胜任精度要求。二次二阶矩法将状态函数的泰勒展开到二次项，能更好地拟合非线性程度较高的极限状态曲面。因此，能更精确地获得非线性程度较高的机械结果的可靠度。二次二阶矩法又称为 SORM 法（Second-Order Reliability Method）。

二次二阶矩法的理论推导比较繁杂，这里不再详述，仅介绍二次展开法的计算过程。其计算流程如图 3.10 所示。二次展开法的计算步骤如下：

① 利用一次二阶矩法计算获得一次可靠度指标 β_F、α 以及标准正态空间的验算点 U^*；

② 计算矩阵 $\boldsymbol{B}$；

令状态函数 $Z = g(\boldsymbol{U})$，$\boldsymbol{U}$ 为标准正态随机变量。

$$\boldsymbol{B} = \frac{\nabla^2 g(\boldsymbol{U}^*)}{|\nabla g(\boldsymbol{U}^*)|} \qquad (3.34)$$

其中，

$$\nabla^2 g(\boldsymbol{U}^*) = \begin{bmatrix} \dfrac{(\partial^2 g)}{\partial U_1^2}\Big|_{(U^*)} & \dfrac{(\partial^2 g)}{\partial U_1 U_2}\Big|_{(U^*)} & \cdots & \dfrac{(\partial^2 g)}{\partial U_1 U_n}\Big|_{(U^*)} \\ \dfrac{(\partial^2 g)}{\partial U_2 U_1}\Big|_{(U^*)} & \dfrac{(\partial^2 g)}{\partial U_2^2}\Big|_{(U^*)} & \cdots & \dfrac{(\partial^2 g)}{\partial U_2 U_n}\Big|_{(U^*)} \\ \vdots & \vdots & & \vdots \\ \dfrac{(\partial^2 g)}{\partial U_n U_1}\Big|_{(U^*)} & \dfrac{(\partial^2 g)}{\partial U_n U_2}\Big|_{(U^*)} & \cdots & \dfrac{(\partial^2 g)}{\partial U_n^2}\Big|_{(U^*)} \end{bmatrix}$$

$$(3.35)$$

$$|\nabla g(\boldsymbol{U}^*)| = \left[\sum_{i=1}^{n} \left(\frac{\partial g}{\partial U_i}\Big|_{U^*} \right)^2 \right]^{1/2} \qquad (3.36)$$

③ 计算 K_S：

$$K_S = \sum_{j=1}^{n} b_{jj} - \boldsymbol{\alpha B \alpha}^{\mathrm{T}} \qquad (3.37)$$

④ 计算平均曲率半径 R：

$$R = \frac{n-1}{K_S} \qquad (3.38)$$

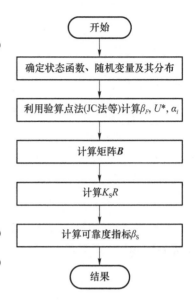

图 3.10　SORM 法计算流程

⑤ 计算二次可靠度指标 β_S：

$$\beta_S = \begin{cases} -\varphi^{-1}\left\{ \varphi(-\beta_F)\left[1 + \dfrac{\varphi(\beta_F)}{R\varphi(-\beta_F)}\right]^{-\frac{n-1}{2}\left[1+\frac{2K_S}{10(1+2\beta_F)}\right]} \right\}, & K_S \geqslant 0 \\[2mm] \left[1 + \dfrac{2.5 K_S}{2n - 5R + 25(23 - 5\beta_F)/R^2}\right]\beta_F + \dfrac{1}{2}K_S\left(1 + \dfrac{K_S}{40}\right), & K_S < 0 \end{cases} \qquad (3.39)$$

例 3.8　利用二次展开法计算例 3.3 的可靠度指标。已知条件不变。

解：利用验算点法，由例 3.5 计算获得

$$\beta_F = \beta_3 = 2.872$$

$$\boldsymbol{\alpha} = (\alpha_1, \alpha_2) = (0.326\,1, 0.945\,3)$$

$$\boldsymbol{X}^{*(3)} = (X_1^{*(3)}, X_2^{*(3)}) = (266.6, 21.86)$$

标准正态分布空间为

$$U_1 = \frac{X_1 - \mu_{X_1}}{\sigma_{X_1}}$$

$$U_2 = \frac{X_2 - \mu_{X_2}}{\sigma_{X_2}}$$

所以，

$$\boldsymbol{U}^* = (U_1^*, U_2^*) = (-0.936, -2.713)$$

$$X_1 = \mu_{X_1} + \sigma_{X_1} U_1$$

$$X_2 = \mu_{X_2} + \sigma_{X_2} U_2$$

$$g(U) = \frac{\pi}{4}(290 + 25U_1)(30 + 3U_2)^2 - 10^5$$

$$\frac{\partial g}{\partial U_1} = \frac{25\pi}{4}(30 + 3U_2)^2$$

$$\frac{\partial g}{\partial U_2} = \frac{3\pi}{2}(290 + 25U_1)(30 + 3U_2)$$

$$\frac{\partial^2 g}{\partial U_1^2} = 0$$

$$\frac{\partial^2 g}{\partial U_2^2} = \frac{9\pi}{2}(290 + 25U_1)$$

$$\frac{\partial^2 g}{\partial U_1 U_2} = \frac{\partial^2 g}{\partial U_2 U_1} = \frac{75\pi}{4}(30 + 3U_2)$$

代入 U^*，得

$$\left.\frac{\partial g}{\partial U_1}\right|_{U^*} = 9\,383.61$$

$$\left.\frac{\partial g}{\partial U_2}\right|_{U^*} = 27\,464.47$$

$$\left.\frac{\partial^2 g}{\partial U_1^2}\right|_{U^*} = 0$$

$$\left.\frac{\partial^2 g}{\partial U_2^2}\right|_{U^*} = 3\,768.97$$

$$\left.\frac{\partial^2 g}{\partial U_1 U_2}\right|_{U^*} = \left.\frac{\partial^2 g}{\partial U_2 U_1}\right|_{U^*} = 2\,575.44$$

$$|\nabla g(U^*)| = \sqrt{9\,383.61^2 + 27\,464.47^2} = 29\,023.25$$

$$\boldsymbol{B} = \begin{bmatrix} 0 & 0.044 \\ 0.044 & 0.129\,6 \end{bmatrix}$$

$$K_s = 0 + 0.129\,6 - (0.326\,1 \quad 0.945\,3)\begin{bmatrix} 0 & 0.044 \\ 0.044 & 0.129\,6 \end{bmatrix}\begin{pmatrix} 0.326\,1 \\ 0.945\,3 \end{pmatrix}$$

$$= 0.129\,6 - (0.041\,6 \quad 0.136\,9)\begin{pmatrix} 0.326\,1 \\ 0.945\,3 \end{pmatrix}$$

$$= 0.129\,6 - 0.143 = -0.013\,4$$

$$R = \frac{2-1}{-0.013\,4} = -74.627$$

因为 $K_s < 0$，所以

$$\beta_s = \left[1 + \frac{2.5K_s}{2n - 5R + 25(23 - 5\beta_F)/R^2}\right]\beta_F + \frac{1}{2}K_s\left(1 + \frac{K_s}{40}\right)$$

$$= \left[1 + \frac{-2.5 \times 0.013\,4}{2 \times 2 - 5 \times (-74.627) + 25(23 - 5 \times 2.872)/(-74.627)^2}\right] \times 2.872 + 0.5 \times$$

$$(-0.013\,4) \times \left(1 - \frac{0.013\,4}{40}\right) = 2.865$$

3.5　响应面法

实际工程中,对于许多结构复杂的零件或者非标准件,其状态函数很难用基本随机变量的清晰表达式表示出来,这时用前面所述方法难以获得结构可靠度及验算点。响应面法(Response Surface Method,RSM)利用响应面模型来拟合原本隐式的状态函数,获得状态函数的清晰表达式,再进行可靠度的求解。

响应面法通过试验设计在验算点附近抽取样本点,再利用多项式响应面模型、Kriging 模型等,通过插值、加权等方法,拟合原隐式的状态函数,最终通过一次二阶矩法进行可靠度的计算。目前,使用最广泛的为经典响应面法。图 3.11 所示为经典响应面法的计算流程。

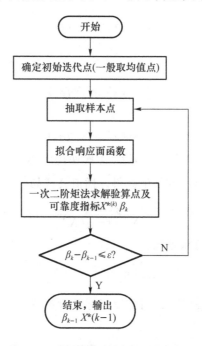

图 3.11　经典响应面法计算流程

经典响应面法的计算步骤如下:

① 确定基本随机变量 $\boldsymbol{X}=(x_1,x_2,x_3,\cdots,x_n)^{\mathrm{T}}$,隐式状态函数 $g(\boldsymbol{X})$。

② 选择不含交叉项的二次多项式响应面函数对状态函数 $g(\boldsymbol{X})$ 进行拟合:

$$\hat{g}(\boldsymbol{X}) = a + \sum_{i=1}^{n} b_i x_i + \sum_{i=1}^{n} c_i x_i^2 \tag{3.40}$$

式中:a、b_i、c_i——$2n+1$ 个待求系数。

③ 利用插值技术抽取样本点。由于式(3.23)有 $2n+1$ 个待求系数,因此,抽取 $2n+1$ 个样本点。在第 k 次迭代过程中,

$$X_1^{(k)}=X^{\dagger(k)}=(x_1^{\dagger(k)},x_2^{\dagger(k)},\cdots,x_n^{\dagger(k)}) \tag{3.41}$$

$$X_j^{(k)}=(x_1^{\dagger(k)},x_2^{\dagger(k)},\cdots,x_i^{\dagger(k)}+f\sigma_i,\cdots,x_n^{\dagger(k)}),\quad i=1,2,\cdots,n,\quad j=i+1 \tag{3.42}$$

$$X_j^{(k)}=(x_1^{\dagger(k)},x_2^{\dagger(k)},\cdots,x_i^{\dagger(k)}-f\sigma_i,\cdots,x_n^{\dagger(k)}),\quad i=1,2,\cdots,n,\quad j=n+i+1 \tag{3.43}$$

式中：f——插值系数，取值 $1\sim3$，且 $f^{(k)}=(f^{(k-1)})^{0.5}$；

  σ_i——x_i 的标准差。

式（3.43）为迭代中心点。

假设状态函数含两个基本随机变量 $\boldsymbol{X}=(x_1,x_2)^{\mathrm{T}}$，基本随机变量个数 $n=2$，共需要 $2n+1=5$ 个样本点。在某次迭代中，其样本点选取如下：

$$X_1=X^{\dagger}=(x_1^{\dagger},x_2^{\dagger})$$

当 $i=1$ 时，

$j=i+1=2$，

$$X_2=(x_1^{\dagger}+f\sigma_1,x_2^{\dagger})$$

$j=n+i+1=4$，

$$X_4=(x_1^{\dagger}-f\sigma_1,x_2^{\dagger})$$

当 $i=2$ 时，

$j=i+1=3$，

$$X_3=(x_1^{\dagger},x_2^{\dagger}+f\sigma_2)$$

$j=n+i+1=5$，

$$X_5=(x_1^{\dagger},x_2^{\dagger}-f\sigma_2)$$

初始迭代抽样中心可选均值点处。第 $k+1$ 次迭代中心点 $X^{\dagger(K+1)}$ 可以通过第 k 次迭代的中心点 $X^{\dagger(k)}$ 及验算点 $X^{*(k)}$ 进行线性插值获得。插值公式如下：

$$X^{\dagger(k+1)}=X^{\dagger(k)}+\frac{g(X^{\dagger(k)})}{g(X^{\dagger(k)})-g(X^{*(k)})}(X^{*(k)}-X^{\dagger(k)}) \tag{3.44}$$

④ 利用最小二乘法求解待求系数：

$$\min\left\{\sum\left[\hat{g}(X_j)-g(X_j)\right]^2\right\} \tag{3.45}$$

⑤ 利用一次二阶矩法求 $\hat{g}(X_j)$ 的可靠度指标及验算点。

⑥ 重复以上过程，直到 $\beta_k-\beta_{k-1}<\varepsilon$。

本节主要介绍了响应面法的应用原理和计算流程，其主要方法包括支持向量机、Kriging 和神将网络等，应用极为广泛。目前较为主流的研究热点为主动学习方法，主动学习是指通过机器学习的方法获得比较"难"分类的样本数据，让人工再次确认和审核，然后将人工标注得到的数据再次使用监督学习模型或半监督学习模型进行训练，逐步提升模型的效果，将人工经验融入机器学习的模型中。这些响应面方法与主动学习相结合，大大提高了计算效率和准确性，使得该方法得以广泛应用。以 Kriging 代理模型为例，主动学习函数主要有：能够平衡局部和全局并衡量样本数据改进期望的 EI（Excepted Improvement）函数、计算样本数据满足条件程度的 EFF（Expected Feasibility Function）函数、以样本点符号被误判概率为评判依据的 U 函数以及以信息熵为样本数据选择依据的 H 函数等。主动学习过程以主动学习函数为依据对样本数据进行筛选，与有限元软件相结合，广泛应用于复杂结构可靠性分析中，大大提高了其计算效率和计算精度，有效节约了计算成本，使得结构可靠性分析得到大力发展。同时，由于具有该特性，Kriging 代理模型逐步在其他领域得到大力应用。

3.6　蒙特卡罗法

蒙特卡罗法是最直观、最精确的求解可靠度的随机模拟法。一般,蒙特卡罗法用于对其他方法的检验,以及在使用其他方法无法进行可靠度计算时,采用其进行求解。在此,仅给出简单蒙特卡罗法的计算过程:

① 令失效概率 $N_f = 0$;

② 产生随机变量 $\boldsymbol{X}$ 的伪随机数;

③ 取一组伪随机数;

④ 计算状态函数 $g(\boldsymbol{X})$ 的值;

⑤ 若 $g(\boldsymbol{X}) < 0$,则 $N_f = N_f + 1$;

⑥ 返回到步骤③,重新计算到 N 次;

⑦ $P_f = N_f / N$。

课后复习题

1. 简述可靠度、失效概率与可靠指标的关系。

2. 若钢梁承受的确定性弯矩 $M = 210\,\mathrm{kN \cdot m}$,钢梁的抵抗矩 W 服从正态分布,其中 $\mu_W = 692\,\mathrm{cm^3}$,$\sigma_W = 0.02$;屈服强度 f 服从正态分布,$\mu_f = 390\,\mathrm{MPa}$,$\sigma_f = 0.07$。试利用验算点法计算该钢梁的可靠指标 β 及 f 和 W 的验算点均值 f^* 和 W^*。

3. 已知非线性极限状态方程 $567fr - 0.5H^2 = 0$,其中,f 服从正态分布,$\mu_f = 0.6$,$V_f = 0.131$;r 服从正态分布,$\mu_r = 2.18$,$V_r = 0.03$;H 服从对数正态分布,$\mu_H = 32.8$,$V_H = 0.03$。试使用 JC 法求解可靠指标 β 及设计验算点坐标 f^*、r^* 和 h^*。

4. 极限状态方程 $Z = 18.46154 - 74769.23X_1/X_2^3 = 0$,其中,$X_1 \sim N(1\,000, 250)\,\mathrm{kN}$,$X_2 \sim N(250, 37.5)\,\mathrm{mm}$。试用响应面法计算可靠性指标和验算点。

5. 简述蒙特卡罗法求解可靠度的基本思路。

第4章　系统可靠性

系统是由相互作用相互依赖的若干组成部分结合而成的,具有特定功能的有机整体,而且这个有机整体又是它从属的更大系统的组成部分。系统具有三大特性:多元性,系统是多样性的统一,差异性的统一;相关性,系统不存在孤立元素组分,所有元素或组分间相互依存、相互作用、相互制约;整体性,系统是所有元素构成的复合统一整体。系统可靠性是具有特定功能的整体的可靠性。研究系统的可靠性主要研究系统各组成部分的可靠性以及相互关联性,最后计算整体的可靠性。

4.1　系统可靠性框图及其特点

可靠性框图是将系统的结构功能按照可靠性要求进行分析的逻辑表示方法,该框图能清晰准确地描述系统的各个组成部分的可靠性关系和功能。可靠性框图是从可靠性角度出发研究系统与部件之间的逻辑图,是系统单元及其可靠性意义下连接关系的图形表达,表示单元的正常或失效状态对系统状态的影响。

这种图依靠方框和连线的布置,绘制出系统的各个部分发生故障时对系统功能特性的影响。它只反映各个部件之间的串并联关系,与部件之间的顺序无关。功能框图反映了系统的流程,物质从一个部件按顺序流经到各个部件;可靠性框图以功能框图为基础,但是不反应顺序,仅从可靠性角度考虑各个部件之间的关系。在一些情况下,它不同于结构连接图。可靠性框图是利用互相连接的方框来显示系统的失效逻辑,分析系统中每一个成分的失效率对系统的影响,以帮助评估系统的整体可靠性。

可靠性框图是具有代表性的图形和计算工具,用于为系统可用性和可靠性建模。可靠性方块图的结构定义了系统中各故障的逻辑交互作用,而不一定要定义各故障的逻辑连接和物理连接。每个方块可以代表一个组件故障、子系统故障或其他具有代表性的故障。该方块图可以代表整个系统,也可以代表该系统中要求进行故障分析、可靠性分析或可用性分析的任何子集或组合。它还可用作分析工具,显示系统中每个元件是如何工作的,以及每个元件是如何影响整体系统运行的。以某型飞机为例,其串联系统可靠性框图如图4.1所示。在实际工程中,往往需要提高系统的可靠度,增加冗余系统,其改进的系统可靠性框图如图4.2所示。

观察图4.1和图4.2可知,可靠性框图由以下部分组成:

① 方框——产品或功能;

② 逻辑关系——功能布局;

③ 连线——系统功能流程的方向;

④ 节点——在需要时才加以标注,包括输入节点、输出节点和中间节点;

⑤ 输入节点——系统功能流程的起点;

⑥ 输出节点——系统功能流程的终点;

⑦ 中间节点。

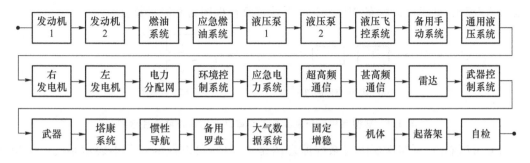

图 4.1　某型飞机串联系统可靠性框图

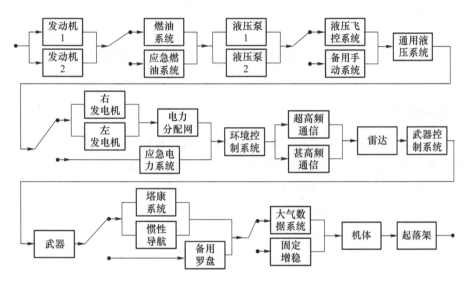

图 4.2　改进的系统可靠性框图

在绘制系统可靠性框图时,要充分考虑系统结构原理图与系统功能框图之间的关系。原理图反映了系统及其组成单元之间的物理上的连接与组合关系。功能框图、功能流程图反映了系统及其组成单元之间的功能关系。系统的原理图、功能框图和功能流程图是建立系统可靠性模型的基础。对于同一系统,由于其工作模式、功能要求不同,其系统可靠性框图有可能不同。图 4.3 所示为某型飞机液压系统中,两个串联阀门系统原理图。其具有两种工作模式:当阀 1 与阀 2 同时处于开启状态时,系统的功能是液体流通;当阀 1 与阀 2 同时处于关闭状态时(或其中之一关闭),系统的功能是阻止液体流通,即截流。

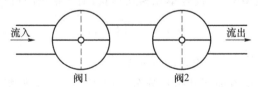

图 4.3　某型飞机液压系统中两个串联阀门系统原理图

对于第一种工作模式,其系统可靠性框图如图 4.4(a)所示,只有当两个阀门同时处于开启状态时,液体才能正常流入/流出,因此,此时系统可靠性框图为串联可靠性系统。对于第二种工作模式,其系统可靠性框图如图 4.4(b)所示,两个阀门中任意一个处于关闭状态,液体都不能流入/流出,处于截流状态,因此,此时系统可靠性框图为并联可靠性系统。

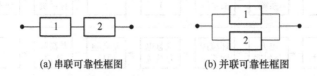

(a) 串联可靠性框图　　　　　　　(b) 并联可靠性框图

图 4.4　某型飞机液压系统中两个串联阀门系统可靠性框图

由此可以看出,可靠性框图与系统原理图是不同的,可靠性框图并不表示系统的结构原理,而是按照系统功能要求,表明系统的成功状态。同一系统要求的功能会有所不同,可靠性框图也是不一致的。

4.2　典型串并联系统的可靠性模型

4.2.1　结构函数

在可靠性问题中,研究产品的成功或者失败(正常或者故障)两种状态的数学表达式称为结构函数。由 n 个部件组成的系统 S,其各个组成部件(单元)x_i 是 0—1 变量,$x_i=1$ 表示成功(正常),$x_i=0$ 表示失败(故障),结构函数为

$$\Phi(x)=\Phi(x_1,x_2,\cdots,x_i,\cdots,x_n) \tag{4.1}$$

$$x_i=\begin{cases}1, & i \text{ 单元正常}\\ 0, & i \text{ 单元故障}\end{cases}$$

式中:$\Phi(x)=1$——系统正常工作;

$\Phi(x)=0$——系统发生故障。

4.2.2　串联系统可靠性模型

可靠性串联系统是最常见的基本形式。如图 4.1 所示的某型飞机串联系统可靠性模型就是一个典型的串联系统。很多航空系统均为可靠性串联系统或者以串联系统为基础的可靠性模型。在串联系统中,任意单元失效都会导致整个系统失效。只有全部单元都正常工作,整个系统才能正常工作。

在串联系统可靠性模型中,假设各单元相互独立,则其系统的可靠度为

$$R_S(t)=\prod_{i=1}^{n}R_i(t) \tag{4.2}$$

式中:$R_i(t)$——组成系统的第 i 个单元的可靠度。

假设系统中各个单元的寿命服从指数分布,各个单元的失效概率密度函数表示为

$$f(t)=\lambda_i \mathrm{e}^{-\lambda_i t}, \quad i=1,2,\cdots,n \tag{4.3}$$

式中:λ_i——第 i 个单元的失效率,则

$$R_i(t)=\mathrm{e}^{-\lambda_i t} \tag{4.4}$$

$$R_S(t) = e^{-(\lambda_1 + \lambda_2 + \cdots + \lambda_i + \cdots + \lambda_n)t} = e^{-\sum\limits_{i=1}^{n}\lambda_i t} = e^{-\lambda_S t} \tag{4.5}$$

式中：λ_S 为系统的失效率，其中，$\lambda_S = \lambda_1 + \lambda_2 + \cdots + \lambda_i + \cdots + \lambda_n$。

$$\theta_S = MTBF = \frac{1}{\lambda_S} = \frac{1}{\sum\limits_{i=1}^{n}\lambda_i} \tag{4.6}$$

式中：θ_S——系统的寿命。

例 4.1 某机载电子设备由 4 个子系统组成，为串联可靠性系统。其可靠性框图如图 4.5 所示。已知各个子系统寿命服从指数分布，失效率 $\lambda_1 = 69 \times 10^{-4}\ h^{-1}$，$\lambda_2 = 93 \times 10^{-4}\ h^{-1}$，$\lambda_3 = 67 \times 10^{-4}\ h^{-1}$，$\lambda_4 = 84 \times 10^{-4}\ h^{-1}$。试求 $t = 1\ h$，$t = 10\ h$ 时间内该电子设备的可靠度与平均寿命。

图 4.5 某机载电子设备可靠性框图

解： 根据题意，有

$$\lambda_S = \lambda_1 + \lambda_2 + \lambda_3 + \lambda_4 = (69 \times 10^{-4} + 93 \times 10^{-4} + 67 \times 10^{-4} + 84 \times 10^{-4})h^{-1} = 0.031\ 3\ h^{-1}$$

$$MTBF = \frac{1}{\lambda_S} = \frac{1}{0.031\ 3\ h^{-1}} = 31.95\ h$$

$$R_S(t) = \prod_{i=1}^{4} R_i(t) = e^{-\lambda_S t} = e^{-0.031\ 3t}$$

$t = 1$ 时，

$$R_S(1) = e^{-0.031\ 3} = 0.969\ 2$$

$t = 10$ 时，

$$R_S(10) = e^{-0.313} = 0.731\ 2$$

串联可靠性系统是由各个组成单元串联组成的。单元越多，系统的可靠度越低。系统的可靠度低于组成系统的所有单元中可靠度最低的单元的可靠度。对于可靠度最低的单元，我们称为系统的薄弱环节。在进行系统可靠性设计时，要充分考虑薄弱环节的影响，保证系统的可靠度。如果薄弱环节在最危险的工作条件下能够承受最大的应力载荷，系统正常工作，那么我们就认为系统是成功的，其可靠性得到了保证。

串联系统是最基本的可靠性系统。系统或者产品的规模越大，系统可靠性越低。以某型喷气客机(约 450 万个部件)为例，表 4.1 列出了该飞机系统可靠性随着系统个数的增加而变化的情况(完全串联)。

表 4.1 某型飞机系统可靠性随着系统个数增加的变化情况(完全串联)

系统个数	1	10	100	1 000	10 000	100 000	1 000 000
产品可靠性/%	99.999	99.99	99.90	99.01	90.48	36.70	<0.1

由此可见，若想保证系统的可靠度，就必须采用其他的冗余系统。

4.2.3 并联系统可靠性模型

同串联系统一样，并联系统也是最常见的可靠性系统基本形式。并联系统对提高飞机系统的可靠性和使用寿命具有重要作用。在并联系统中,只有当所有组成单元均失效时,系统才失效。或者说,只要并联系统中有一个单元正常工作,系统就正常工作,这样的系统称为并联系统。如图 4.2 中的发动机 1 和发动机 2,液压泵 1 和液压泵 2,右发电机和左发电机,均属于典型的并联系统。并联系统的可靠性框图如图 4.4(b)所示。

在并联系统可靠性模型中,假设各单元相互独立,则其系统可靠度为

$$R_S(t) = 1 - \prod_{i=1}^{n}(1 - R_i(t)) \tag{4.7}$$

式中:$R_i(t)$——组成系统的第 i 个单元的可靠度。

从式(4.7)中可以看出,第二项是介于 0~1 之间小数的乘积。组成系统的单元数 i 越大,乘积越小,系统可靠度 R_S 就越大。因此,并联系统是最基本的冗余系统。但是,随着并联单元数目的增加,系统的可靠度增加的幅度逐渐放缓,并且增加成本。因此,一般并联系统的单元数取值 $n=2\sim3$。

其可靠性指标计算过程如下:

$$R_S(t) = 1 - (1 - e^{-\lambda t})^2 = 2e^{-\lambda t} - e^{-2\lambda t} \tag{4.8}$$

$$f_S(t) = -\frac{\partial R_S(t)}{\partial t} = 2\lambda e^{-\lambda t} - 2\lambda e^{-2\lambda t} = 2\lambda e^{-\lambda t}(1 - e^{-\lambda t}) \tag{4.9}$$

$$\lambda_S(t) = \frac{f_S(t)}{R_S(t)} = \frac{2\lambda(1 - e^{-\lambda t})}{2 - e^{-\lambda t}} \tag{4.10}$$

$$\theta_S = \int_0^\infty R_S(t)\mathrm{d}t = \frac{2}{\lambda} - \frac{1}{2\lambda} = \frac{3}{2\lambda} \tag{4.11}$$

由此可见,当单元失效率为常数时,并联系统的失效率并不为常数。

并联系统的可靠度要高于组成并联系统的所有环节的单元可靠度。也就是说,并联系统的可靠度高于系统中最可靠环节的可靠度。这是并联系统的一个显著特点。因此,提高系统可靠性的一个有效方法是在关键处对元件添加并联单元,这种情况在设计中称为冗余设计。在并联系统中,虽然只需要一个元件运行工作,但实际上所有并联单元都处于工作状态,这种冗余系统称为工作冗余;反之,如果工作元件处于运行状态,其他单元处于非工作状态,则称为贮备冗余。

4.2.4 典型混联系统可靠性模型

由并联系统和串联系统混合而成的系统称为混联系统。图 4.6 所示为典型的混联系统。

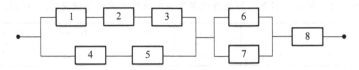

图 4.6 典型的混联系统

对于典型的混联系统进行可靠性计算,一般采用局部代替法,或者称为等效法。对于如图 4.6 所示的系统,等效过程如图 4.7 所示。具体的步骤如下:

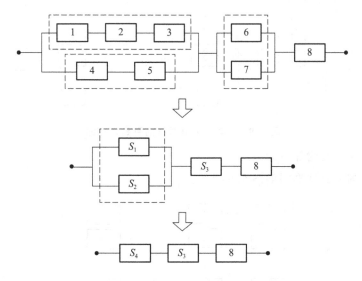

图 4.7　典型混联系统的等效步骤

① 将由单元 1、单元 2、单元 3 组成的基本串联系统替代为等效单元 S_1,将由单元 4、单元 5 组成的基本串联系统替代为等效单元 S_2;将单元 6、单元 7 组成的基本并联系统替代为等效单元 S_3。

② 将等效单元 S_1、等效单元 S_2 组成的并联系统进一步替代为等效单元 S_4。

③ 最终系统 S 等效为由等效单元 S_4、等效单元 S_3、单元 8 组成的串联系统。

具体计算过程如下:

$$R_{S_1} = R_1 R_2 R_3$$
$$R_{S_2} = R_4 R_5$$
$$R_{S_3} = 1 - (1 - R_6)(1 - R_7)$$
$$R_{S_4} = 1 - (1 - R_{S_1})(1 - R_{S_2})$$
$$R_S = R_{S_4} R_{S_3} R_8$$

假设 $R_1 = R_2 = R_3 = 0.9, R_4 = R_5 = 0.8, R_6 = R_7 = 0.7, R_8 = 0.6$,则

$$R_{S_1} = 0.9^3 = 0.729$$
$$R_{S_2} = 0.8^2 = 0.64$$
$$R_{S_3} = 1 - (1 - 0.7)^2 = 0.91$$
$$R_{S_4} = 1 - (1 - 0.729)(1 - 0.64) = 0.902\,44$$
$$R_S = 0.902\,44 \times 0.91 \times 0.6 = 0.492\,7$$

在利用局部替代法进行混联系统的可靠度求解时,要注意逐级从最底层向上进行等效,尽量避免跨级进行,以免产生遗漏。

典型的混联系统包括串并联系统、并串联系统以及混合并联系统。其中,串并联系统的可靠性框图如图 4.8 所示。

如果所有单元均具有相同的可靠度 R,则串并联系统的可靠度 R_S 为

$$R_S = \prod_{i=1}^{n} \left[1 - \prod_{j=1}^{m} (1 - R_{ij}) \right] = [1 - (1 - R)^m]^n \tag{4.12}$$

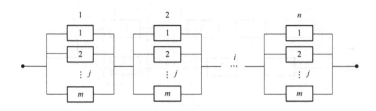

图 4.8　典型串并联系统的可靠性框图

串并联系统又称为附加单元系统。

并串联系统的可靠性框图如图 4.9 所示。

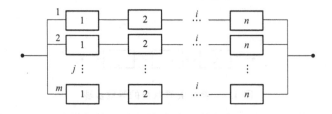

图 4.9　典型并串联系统的可靠性框图

如果所有单元均具有相同的可靠度 R，则并串联系统的可靠度 R_S 为

$$R_S = 1 - \prod_{j=1}^{m}\left[1 - \prod_{i=1}^{n} R_{ij}\right] = 1 - (1 - R^n)^m \tag{4.13}$$

并串联系统又称为附加通路系统。

这两种系统的功能是一样的，但是其可靠度是不同的。可以证明，当采用相同单元组成这两种系统时，附加单元系统（串并联系统）要比附加通路系统（并串联系统）的可靠度大。

混合并联系统没有特定的构成形式。图 4.10 给出了 6 个单元组成的混合并联系统的形式。混合并联系统的可靠度计算可以通过等效法进行。

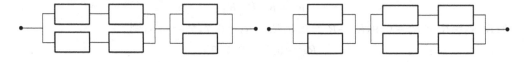

图 4.10　混合并联系统

4.3　一般系统可靠性分析

除了简单的并联、串联以及混联系统外，实际工程中还有一些比较复杂的系统。这些系统不能用简单的串、并联可靠性框图来表示，也不能用简单的等效法进行其可靠度计算，这些系统被称为一般系统，例如，航空、航天、电子、计算机系统等。主要常用的方法有最小路集分析法、最小割集分析法、全概率分析法、状态枚举法、概率图法、蒙特卡罗法等。这里仅对常用的最小路集分析法、全概率分析法、状态枚举法、蒙特卡罗法进行介绍。

4.3.1　最小路集分析法

　　路集是可靠性框图分析状态变量的一个子集,可靠性框图分析中成功路线的集合。在该子集以外所有单元均失效的情况下,子集中所有单元正常工作,系统就正常工作。例如图 4.11 中,集合 $\{A,B,C,D\}$ 是路集,只要单元 A、B、C、D 全部正常工作,即使单元 E、F 均失效,系统也可以

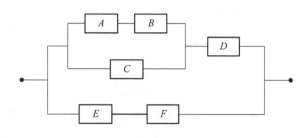

图 4.11　某系统的可靠性框图

正常工作。同样地,$\{A,B,C,D,E\}$、$\{A,B,D\}$、$\{B,C,D,E,F\}$、$\{C,D\}$、$\{C,D,E\}$、$\{E,F\}$、$\{C,D,E,F\}$、$\{A,B,C,D,E,F\}$ 等均为系统的路集。其中,有几个比较特殊的路集 $\{A,B,D\}$、$\{C,D\}$、$\{E,F\}$,在这几个路集中,只要有任意一个单元失效(假设集合以外的单元均失效),系统便不能正常工作,这几个路集即最小路集(Minimum Road Set,MRS)。所谓最小路集,即当研究的子集中所有的单元完好(正常工作),系统完好(正常),其中任一单元故障时,系统便故障(假设该子集以外的所有单元均失效)。

　　割集也是可靠性框图分析状态变量的一个子集,是可靠性框图分析中系统失效路线的集合。在该子集以外所有单元均工作的情况下,子集中所有单元失效,则系统失效。例如图4.11中的集合 $\{A,B,C,E\}$,假设单元 B、D 均正常工作,只要单元 A、B、C、E 全部失效,则系统就会失效。同样,集合 $\{A,C,E\}$、$\{A,B,C,D,F\}$、$\{A,C,F\}$、$\{D,E,F\}$、$\{D,E\}$、$\{D,F\}$、$\{A,B,C,D,E,F\}$ 等均为割集。这几个割集中,有几个比较特殊的割集,比如割集 $\{A,C,E\}$,假设割集以外的 B、D、F 单元均是正常工作的,那么如果 $\{A,C,E\}$ 中任一单元正常工作,则系统正常工作。这样的割集被称为最小割集(Minimum Cut Set,MCS)。所谓最小割集,当研究的子集中所有单元故障时系统故障,当其中任一单元完好时,系统正常工作(假设研究的子集以外的单元均是完好的)。也就是说,最小割集是割集的一种,该割集的任一单元单独工作都会引起系统工作。图 4.11 中的最小割集还有 $\{A,C,F\}$、$\{B,C,E\}$、$\{B,C,F\}$、$\{D,E\}$、$\{D,F\}$。

　　最小路集中含单元状态变量的个数叫作该最小路集的阶数,最小割集中含单元状态变量的个数叫作该最小割集的阶数。例如图 4.11 中,最小路集 $\{A,B,D\}$ 的阶数是 3,最小路集 $\{E,F\}$ 的阶数是 2;最小割集 $\{A,C,E\}$ 的阶数是 3,最小割集 $\{D,E\}$ 的阶数是 2。

　　可靠性框图的路集与割集对偶,最小路集与最小割集对偶,反之亦然。

　　最小路集分析法计算复杂系统可靠度的具体步骤如下:

　　① 寻找系统的所有最小路集 $L_1,L_2,\cdots,L_m$;

　　② 建立由最小路集组成的系统结构函数:

$$\Phi(X) = \bigcup_{i=1}^{m} L_i \tag{4.14}$$

　　③ 系统可靠度为

$$R_S = P(\Phi(X)) = P\left(\bigcup_{i=1}^{m} L_i\right) \tag{4.15}$$

　　④ 利用容斥公式进行可靠度 R_S 的计算:

$$R_S = \sum_{i=1}^{n} P(L_i) - \sum_{i<j=2}^{n} P(L_i)P(L_j) + \sum_{i<j<k=3}^{n} P(L_i)P(L_j)P(L_m) - \cdots \quad (4.16)$$

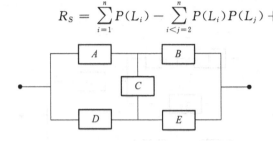

图 4.12　桥接系统的可靠性框图

在进行计算过程中,相同单元进行简化处理,只保留一次参与计算。

例 4.2　桥接系统的可靠性框图如图 4.12 所示。各单元可靠度 $A=D=0.8$,$B=E=0.7$,$C=0.6$。试用最小路集分析法求解该系统的可靠度。

解:该系统的最小路集分别为 $L_1=AB,L_2=DE,L_3=ACE,L_4=BCD$。系统结构函数为

$$\Phi(X)=L_1 \bigcup L_2 \bigcup L_3 \bigcup L_4$$

系统可靠度为

$$R_S=P(\Phi(X))=P(L_1 \bigcup L_2 \bigcup L_3 \bigcup L_4)$$

展开得

$$R_S=P(L_1)+P(L_2)+P(L_3)+P(L_4)-P(L_1L_2)-P(L_1L_3)-P(L_1L_4)-P(L_2L_3)-$$
$$P(L_2L_4)-P(L_3L_4)+P(L_1L_2L_3)+P(L_1L_2L_4)+P(L_1L_3L_4)+$$
$$P(L_2L_3L_4)-P(L_1L_2L_3L_4)$$

从而得

$$R_S=P(AB)+P(DE)+P(ACE)+P(BCD)-P(ABDE)-P(ABCE)-P(ABCD)-$$
$$P(ACDE)-P(BCDE)-P(ABCDE)+P(ABCDE)+P(ABCDE)+P(ABCDE)+$$
$$P(ABCDE)-P(ABCDE)$$

代入数据,得

$$R_S=0.8\times0.7+0.8\times0.7+0.8\times0.7\times0.6+0.8\times0.7\times0.6-0.8\times0.7\times0.8\times0.7-$$
$$0.8\times0.7\times0.6\times0.7-0.8\times0.7\times0.6\times0.8-0.8\times0.6\times0.8\times0.7-0.7\times0.6\times$$
$$0.8\times0.7+0.8\times0.7\times0.6\times0.8\times0.7\times2=0.846\,72$$

对于较为简单的一般系统进行可靠性分析,容斥公式清晰、准确。但对于系统比较复杂、单元数目较多的情况,容斥公式会显得比较麻烦,计算量庞大。这种情况下,最小路集不交并法较为合适。所谓不交并,是把相交的最小路集并化为不相交的最小路集的积的和的表达式,运算过程中主要采用集合代数和布尔代数的运算法则。在进行最小路集不交并过程中,需要进行一些简化处理。具体简化原则如下:

① 若 A_i 和 A_j 中含有相同的元素,则

$$\overline{A_i} \cdot A_j = \overline{A_{ij}} \cdot A_j \quad (4.17)$$

式中:A_{ij}——A_i 中有而 A_j 中没有的元素的布尔积。

例如:$A_i=abcde,A_j=abcfg,A_i$ 和 A_j 中都包含元素 abc,而 de 未包含于 A_j 中,所以,$A_{ij}=de,\overline{A_{ij}}=\overline{de}=\overline{d}+d \cdot \overline{e}$。

② 若 A_i 和 A_j 中含有相同的元素,A_i 和 A_k 中也含有一些相同的元素,则

$$\overline{A_i} \cdot \overline{A_j} \cdot A_k = \overline{A_{ik}} \cdot \overline{A_{jk}} \cdot A_k \quad (4.18)$$

例如:$A_i=abcde,A_j=abcfg,A_k=ghi$,则 $\overline{A_i} \cdot \overline{A_j} \cdot A_k=\overline{de} \cdot \overline{abcf} \cdot ghi$。

例 4.3　利用最小路集不交并法计算例 4.2。

解：$L_1 = AB, L_2 = DE, L_3 = ACE, L_4 = BCD$。

$S = L_1 \cup L_2 \cup L_3 \cup L_4$

$= AB \cup DE \cup ACE \cup BCD = AB + \overline{AB} \cdot DE + \overline{AB} \cdot \overline{DE} \cdot ACE + \overline{AB} \cdot \overline{DE} \cdot \overline{ACE} \cdot BCD$

$= AB + (\overline{A} \cdot DE + \overline{AB} \cdot DE) + (\overline{B} \cdot \overline{D} \cdot ACE) + (\overline{A} \cdot \overline{E} \cdot \overline{AE}BCD)$

$= AB + (\overline{A} \cdot DE + \overline{AB} \cdot DE) + (\overline{B} \cdot \overline{D} \cdot ACE) + \overline{A} \cdot \overline{E} \cdot \overline{A} \cdot BCD + \overline{A} \cdot \overline{E} \cdot \overline{AE} \cdot BCD$

$= AB + \overline{A} \cdot DE + \overline{AB} \cdot DE + \overline{B} \cdot \overline{D} \cdot ACE + \overline{A} \cdot \overline{E} \cdot BCD$

$= 0.8 \times 0.7 + 0.2 \times 0.8 \times 0.7 + 0.8 \times 0.3 \times 0.8 \times 0.7 + 0.3 \times 0.2 \times 0.8 \times 0.6 \times 0.7 + 0.2 \times$

　　$0.3 \times 0.7 \times 0.6 \times 0.8$

$= 0.846\,72$

最小路集不交并法易于计算机实现,适于计算各种复杂的系统的可靠度。

4.3.2　全概率分析法

全概率分析法源自全概率公式。对于两种状态的事件,如成败、好坏等,全概率公式可以简单写为

$$P(A) = P\{AB + \overline{AB}\} = P\{B\}P\{A|B\} + P\{\overline{B}\}P\{A|\overline{B}\} \tag{4.19}$$

全概率公式可以把一个复杂事件分解为简单事件。对于可靠度不易确定的一般系统,可采用全概率公式将它简化为一般串、并联系统来计算其可靠度。应用全概率分析法首先是选择一个关键单元,然后按照关键单元的工作与失效两种状态,用全概率公式计算系统的可靠度,即

$$R_S = R_I R(S|R_I) + F_I R(S|F_I) \tag{4.20}$$

式中：$R_I R(S|R_I)$——关键单元 I 在正常工作条件下,系统正常工作的概率;

　　　$F_I R(S|F_I)$——关键单元 I 在失效状态下,系统正常工作的概率。

例 4.4　试用全概率分析法计算图 4.12 所示桥接系统的可靠度。条件同例 4.2。

解：选择单元 C 为关键单元,则系统简化为

$R_S = P(C)P[(A \cup D) \cap (B \cup E)] + P(\overline{C})P[(A \cup B) \cap (D \cup E)]$

$= P(C)P[(1 - (1-A)(1-D))(1 - (1-B)(1-E))] + (1 - P(C))P(1 - (1-AB)$

　　$(1 - DE))$

$= 0.6 \times \{[1 - (1-0.8)(1-0.8)][1 - (1-0.7)(1-0.7)]\} + 0.4 \times [1 - (1 - 0.8 \times 0.7) \times$

　　$(1 - 0.8 \times 0.7)] = 0.846\,72$

全概率分析法分解图如图 4.13 所示。

全概率分析法利用关键单元将复杂系统分解为简单的系统。因此,也称为全概率分解法。全概率分析法看似简单,但是关键单元的选择都十分重要。它必须是系统中的主要单元,而且与其他单元联系较多,这样才能达到简化的目的。如果选择不当,则可能达不到简化的目的,甚至获得错误的计算结果。对于非常复杂的系统,全概率分析法也不适用,因为分解后的可靠性框图依然十分复杂。

4.3.3　状态枚举法

对于一些组成单元较少($n \leqslant 6$)的系统,其可靠性框图分析起来较为困难,此时可以采用状

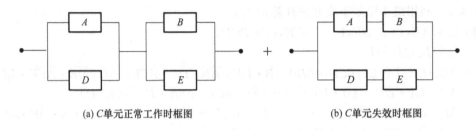

(a) C单元正常工作时框图   (b) C单元失效时框图

图 4.13　全概率分析法分解图

态枚举法进行系统可靠性分析计算。状态枚举法又称为布尔真值表法或者状态穷举法。假设系统由 n 个单元组成，每个单元有两种状态：工作或者失效（1 或 0），则系统有 2^n 个状态。当 n 不大时，可以列出所有 2^n 个可能状态以及相应的系统的状态。其中，$S(i)$ 表示系统正常工作；$F(i)$ 表示系统失效状态；i 表示在该状态下，保证系统正常（失效）工作的单元正常（失效）工作的个数。列表计算出每一种使系统正常工作的状态概率，这些概率之和即为系统的可靠度。状态枚举法的布尔真值表包括：系统状态编号、单元工作状态、系统状态、系统成功状态下的概率等几项。

例 4.5　试用状态枚举法计算图 4.12 所示桥接系统的可靠度。条件同例 4.2。

解： 系统由 5 个单元组成，所以 $n=5$。系统有 $2^n=32$ 个状态。根据状态枚举法的原理，列出布尔真值表，如表 4.2 所列。可以看出，系统的 32 种状态对应了所有单元的可能。共 16 种状态正常工作，16 种状态系统失效。分别以 $S(i)$ 和 $F(i)$ 表示，计算 16 种 $S(i)$ 的概率之和，即为系统的可靠度。

表 4.2　例 4.5 的布尔真值表

系统状态编号	单元工作状态					系统状态	概　率
	A	B	C	D	E		
1	0	0	0	0	0	$F(5)$	
2	0	0	0	0	1	$F(4)$	
3	0	0	0	1	0	$F(4)$	
4	0	0	1	0	0	$F(4)$	
5	0	1	0	0	0	$F(4)$	
6	1	0	0	0	0	$F(4)$	
7	0	0	0	1	1	$S(2)$	$0.2\times0.3\times0.4\times0.8\times0.7=0.013\,44$
8	0	0	1	0	1	$F(3)$	
9	0	1	0	0	1	$F(3)$	
10	1	0	0	0	1	$F(3)$	
11	0	0	1	1	0	$F(3)$	
12	0	1	0	1	0	$F(3)$	
13	1	0	0	1	0	$F(3)$	

系统状态编号	单元工作状态					系统状态	概　率
	A	B	C	D	E		
14	0	1	1	0	0	$F(3)$	
15	1	0	1	0	0	$F(3)$	
16	1	1	0	0	0	$S(2)$	$0.8\times0.7\times0.4\times0.2\times0.3=0.013\,44$
17	1	1	1	0	0	$S(3)$	$0.8\times0.7\times0.6\times0.2\times0.3=0.020\,16$
18	1	1	0	0	1	$S(3)$	$0.8\times0.7\times0.4\times0.2\times0.7=0.031\,36$
19	1	0	0	1	1	$S(3)$	$0.8\times0.3\times0.4\times0.8\times0.7=0.053\,76$
20	0	0	1	1	1	$S(3)$	$0.2\times0.3\times0.6\times0.8\times0.7=0.020\,16$
21	1	1	0	1	0	$S(3)$	$0.8\times0.7\times0.4\times0.8\times0.3=0.053\,76$
22	1	0	1	1	0	$F(2)$	
23	0	1	1	1	0	$S(3)$	$0.2\times0.7\times0.6\times0.8\times0.3=0.020\,16$
24	1	0	1	0	1	$S(3)$	$0.8\times0.3\times0.6\times0.2\times0.7=0.020\,16$
25	0	1	1	0	1	$F(2)$	
26	0	1	0	1	1	$S(3)$	$0.2\times0.7\times0.4\times0.8\times0.7=0.031\,36$
27	1	1	1	1	0	$S(4)$	$0.8\times0.7\times0.6\times0.8\times0.3=0.080\,64$
28	1	1	1	0	1	$S(4)$	$0.8\times0.7\times0.6\times0.2\times0.7=0.047\,04$
29	1	1	0	1	1	$S(4)$	$0.8\times0.7\times0.4\times0.8\times0.7=0.125\,44$
30	1	0	1	1	1	$S(4)$	$0.8\times0.3\times0.6\times0.8\times0.7=0.080\,64$
31	0	1	1	1	1	$S(4)$	$0.2\times0.7\times0.6\times0.8\times0.7=0.047\,04$
32	1	1	1	1	1	$S(5)$	$0.8\times0.7\times0.6\times0.8\times0.7=0.188\,16$

系统可靠度为所有 $S(i)$ 概率之和,故有

$$R_S=0.013\,44+0.013\,44+\cdots+0.188\,16=0.846\,72$$

状态枚举法的原理简单,步骤清晰、直观,容易掌握。当系统较为复杂、单元数目较多时,计算量较大,需要借助计算机来进行计算。

4.3.4　蒙特卡罗法

对于复杂系统,蒙特卡罗法是一种切实可行的可靠度计算方法,而其他方法却难以计算系统的可靠度。蒙特卡罗法通过产生伪随机数代入可靠性模型,进而计算系统的可靠度。具体过程如下:

① 建立系统的可靠性框图(蒙特卡罗法的关键)。

② 确定系统每个单元的单元可靠度 R_i。

③ 对每个单元,均匀的产生 $(0,1)$ 内的伪随机数。

④ 对于单元 x_i,任取一伪随机数。若该数大于 $F_i(F_i=1-R_i)$,则该单元为"1";否则,该单元为"0"。

⑤ 根据可靠性框图,确定并标记系统状态:"1"表示系统正常工作;"0"表示系统失效。

⑥ 重复步骤①~⑤,直到 N 次。N_S 表示所有状态为"1"的和,则系统可靠度为

$$R_S = \frac{N_s}{N} \qquad (4.21)$$

对于步骤⑤,若系统的结构函数能够清晰地表达出来,则可以根据系统的结构函数来确定系统状态的取值。

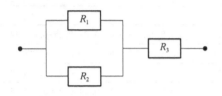

图 4.14 例 4.6 的可靠性框图

例 4.6 系统的可靠性框图如图 4.14 所示。试用蒙特卡罗法计算该系统的可靠度。已知 $R_1 = 0.8, R_2 = 0.7, R_3 = 0.6$。

解:利用计算机程序,对每个单元产生 100 组伪随机数,如表 4.3 所列。

比较每个伪随机数与 F_i 的大小,确定 R_i 的状态。对于单元 1,若伪随机数大于 0.2,则 R_1 的状态为 1;对于单元 2,若伪随机数大于 0.3,则 R_2 的状态为 1;对于单元 3,若伪随机数大于 0.4,则 R_3 的状态为 1。统计系统状态为 1 的数目

$$N_S = 56$$

则

$$R_S = \frac{N_s}{N} = \frac{56}{100} = 0.56$$

利用局部替代法获得系统的可靠度,即

$$R_S = [1-(1-0.8)(1-0.7)] \times 0.6 = 0.564$$

蒙特卡罗法计算的可靠度与产生伪随机数的数量有关。相对来说,产生伪随机数的数目越大,结果越趋近于真实解。但也并非越大越好,具体采样相关知识请参阅相关资料。

表 4.3 例 4.6 的蒙特卡罗模拟

序 号	R_1	R_1 的状态	R_2	R_2 的状态	R_3	R_3 的状态	系统状态
1	0.917 006	1	0.051 128	0	0.374 24	0	0
2	0.770 871	1	0.489 135	1	0.167 749	0	0
3	0.854 708	1	0.269 167	0	0.008 694	0	0
4	0.573 663	1	0.145 579	0	0.980 797	1	1
5	0.504 21	1	0.265 503	0	0.655 187	1	1
6	0.484 187	1	0.681 189	1	0.558 469	1	1
7	0.855 877	1	0.851 204	1	0.030 457	0	0
8	0.144 461	0	0.494 472	1	0.284 498	0	0
9	0.124 024	0	0.492 046	1	0.582 427	1	1
10	0.544 149	1	0.114 535	0	0.070 233	0	0
11	0.030 579	0	0.221 089	0	0.604 729	1	0
12	0.387 122	1	0.711 857	1	0.477 104	1	1
13	0.962 097	1	0.364 448	1	0.560 79	1	1
14	0.392 662	1	0.178 298	0	0.156 241	0	0

续表 4.3

序　号	R_1	R_1 的状态	R_2	R_2 的状态	R_3	R_3 的状态	系统状态
15	0.164 456	0	0.375 181	1	0.377 715	0	0
16	0.959 015	1	0.022 438	0	0.668 566	1	1
17	0.701 314	1	0.457 714	1	0.609 612	1	1
18	0.243 991	1	0.052 922	0	0.580 767	1	1
19	0.030 642	0	0.041 07	0	0.011 858	0	0
20	0.127 201	0	0.472 974	1	0.587 225	1	1
21	0.256 07	1	0.717 293	1	0.333 333	0	0
22	0.845 65	1	0.257 26	1	0.293 298	0	0
23	0.866 805	1	0.205 647	0	0.346 036	0	0
24	0.516 146	1	0.931 108	1	0.301 934	0	0
25	0.349 481	1	0.936 45	1	0.070 126	0	0
26	0.593 994	1	0.727 263	1	0.259 342	0	0
27	0.054 126	0	0.246 717	0	0.353 698	0	0
28	0.321 521	1	0.397 261	1	0.118 548	0	0
29	0.853 692	1	0.236 979	0	0.545 928	1	1
30	0.878 14	1	0.282 218	0	0.801 93	1	1
31	0.548 515	1	0.856 663	1	0.071 929	0	0
32	0.971 299	1	0.049 107	0	0.899 121	1	1
33	0.145 267	0	0.299 296	0	0.504 295	1	0
34	0.511 768	1	0.646 513	1	0.010 388	0	0
35	0.671 598	1	0.462 59	1	0.325 704	0	0
36	0.645 809	1	0.763 179	1	0.963 499	1	1
37	0.707 309	1	0.653 246	1	0.614 112	1	1
38	0.580 448	1	0.003 072	0	0.861 947	1	1
39	0.657 618	1	0.428 307	1	0.353 143	0	0
40	0.113 967	0	0.823 042	1	0.899 093	1	1
41	0.239 814	1	0.054 606	0	0.381 733	0	0
42	0.802	1	0.563 047	1	0.519 119	1	1
43	0.407 005	1	0.540 276	1	0.870 194	1	1
44	0.685 348	1	0.595 028	1	0.715 203	1	1
45	0.213 697	1	0.884 035	1	0.704 351	1	1
46	0.537 732	1	0.805 091	1	0.326 431	0	0
47	0.175 378	0	0.412 541	1	0.708 672	1	1
48	0.184 658	0	0.283 433	0	0.910 547	1	0
49	0.610 187	1	0.894 66	1	0.249 531	0	0
50	0.042 988	0	0.998 813	1	0.958 65	1	1

序 号	R_1	R_1 的状态	R_2	R_2 的状态	R_3	R_3 的状态	系统状态
51	0.432 63	1	0.869 034	1	0.678 371	1	1
52	0.906 346	1	0.264 013	0	0.791 062	1	1
53	0.488 708	1	0.774 532	1	0.760 727	1	1
54	0.024 076	0	0.278 916	0	0.311 805	0	0
55	0.859 592	1	0.290 055	0	0.925 903	1	1
56	0.440 027	1	0.202 086	0	0.374 915	0	0
57	0.527 232	1	0.010 344	0	0.787 682	1	1
58	0.083 042	0	0.058 526	0	0.973 436	1	0
59	0.787 019	1	0.968 044	1	0.326 006	0	0
60	0.357 087	1	0.931 587	1	0.470 289	1	1
61	0.329 796	1	0.735 658	1	0.588 028	1	1
62	0.485 291	1	0.420 837	1	0.019 195	0	0
63	0.952 736	1	0.020 445	0	0.612 555	1	1
64	0.009 021	0	0.111 546	0	0.003 018	0	0
65	0.944 387	1	0.721 056	1	0.071 671	0	0
66	0.499 022	1	0.058 597	0	0.751 332	1	1
67	0.088 041	0	0.876 481	1	0.911 821	1	1
68	0.531 846	1	0.621 726	1	0.310 663	0	0
69	0.338 303	1	0.556 53	1	0.772 651	1	1
70	0.213 393	1	0.431 653	1	0.817 604	1	1
71	0.329 585	1	0.221 224	0	0.784 168	1	1
72	0.081 494	0	0.212 292	0	0.283 45	0	0
73	0.393 14	1	0.310 622	1	0.774 477	1	1
74	0.517 085	1	0.887 515	1	0.284 519	0	0
75	0.567 779	1	0.069 016	0	0.888 26	1	1
76	0.251 862	1	0.183 721	0	0.396 408	0	0
77	0.722 86	1	0.280 267	0	0.965 675	1	1
78	0.933 424	1	0.361 429	1	0.849 406	1	1
79	0.023 243	0	0.951 172	1	0.613 895	1	1
80	0.302 361	1	0.095 629	0	0.430 985	1	1
81	0.972 36	1	0.069 731	0	0.267 178	0	0
82	0.342 267	1	0.319 195	1	0.456 829	1	1
83	0.696 295	1	0.673 894	1	0.120 349	0	0
84	0.176 089	0	0.828 301	1	0.353 226	0	0
85	0.166 783	0	0.993 023	1	0.941 096	1	1
86	0.979 028	1	0.866 424	1	0.499 828	1	1

序　号	R_1	R_1 的状态	R_2	R_2 的状态	R_3	R_3 的状态	系统状态
87	0.807 934	1	0.369 741	1	0.541 935	1	1
88	0.949 399	1	0.769 279	1	0.730 723	1	1
89	0.745 756	1	0.444 512	1	0.809 143	1	1
90	0.703 72	1	0.386 395	1	0.949 314	1	1
91	0.407 723	1	0.990 4	1	0.045 322	0	0
92	0.501 998	1	0.336 699	1	0.335 88	0	0
93	0.797 216	1	0.614 658	1	0.527 281	1	1
94	0.627 804	1	0.096 981	0	0.952 246	1	1
95	0.437 917	1	0.712 883	1	0.091 431	0	0
96	0.829 21	1	0.308 969	1	0.931 866	1	1
97	0.456 128	1	0.026 237	0	0.576 372	1	1
98	0.303 874	1	0.602 328	1	0.678 165	1	1
99	0.648 961	1	0.218 307	0	0.548 65	1	1
100	0.966 087	1	0.967 615	1	0.473 497	1	1

4.4　表决系统

　　某些情况下,为了提高系统的可靠性同时降低系统的成本,系统(由 n 个单元组成)中有 k 个或 k 个以上的单元正常工作,系统就会正常工作。这样的系统称为表决系统,表示为 $k/n[G]$。相似地,有 k 个或 k 个以上的单元失效,系统就会失效,这是表决"坏"的系统,表示为 $k/n[F]$。显然,$k/n[G]$ 系统即为 $(n-k+1)/n[F]$ 系统。而 $n/n[G]$ 系统为串联系统,$1/n[G]$ 系统为并联系统。$k/n[G]$ 系统的可靠性框图如图 4.15 所示。

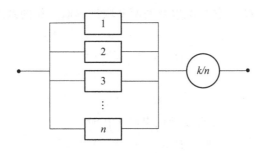

图 4.15　$k/n[G]$ 系统的可靠性框图

　　考虑系统的成本,$2/3[G]$ 为较为常用的表决系统。系统由 3 个单元组成,任意 2 个或 2 个以上单元正常工作,系统便正常工作。假设 3 个单元分别是 R_1、R_2、R_3,系统的可靠性框图可以表示为图 4.16(a),图 4.16(b)所示为等效可靠性框图。

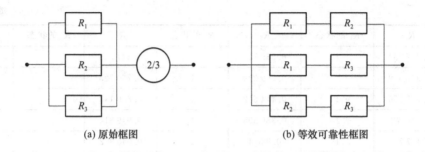

(a) 原始框图　　　　　　　　　　　(b) 等效可靠性框图

图 4.16　2/3[G]系统的可靠性框图

此时，

$$R_S = R_1R_2R_3 \bigcup R_1R_2\overline{R}_3 \bigcup R_1\overline{R}_2R_3 \bigcup \overline{R}_1R_2R_3 = R_1R_2R_3 \bigcup (1-R_1)R_2R_3 \bigcup R_1(1-R_2)R_3 \bigcup$$

$$R_1R_2(1-R_3) = R_1R_2 + R_2R_3 + R_1R_3 - 2R_1R_2R_3 \tag{4.22}$$

假设各单元寿命服从指数分布，且 $R_t = e^{-\lambda_i t}$，则有

$$R_S = e^{-(\lambda_1+\lambda_2)t} + e^{-(\lambda_2+\lambda_3)t} + e^{-(\lambda_1+\lambda_3)t} - 2e^{-(\lambda_1+\lambda_2+\lambda_3)t} \tag{4.23}$$

$$\theta_S = \int_0^\infty R_S dt = \frac{1}{\lambda_1+\lambda_2} + \frac{1}{\lambda_2+\lambda_3} + \frac{1}{\lambda_1+\lambda_3} - \frac{2}{\lambda_1+\lambda_2+\lambda_3} \tag{4.24}$$

若 $\lambda_1 = \lambda_2 = \lambda_3 = \lambda$，则有

$$R_S = 3e^{-2\lambda t} - 2e^{-3\lambda t}$$

$$\theta_S = \frac{3}{2\lambda} - \frac{2}{3\lambda} = \frac{5}{6\lambda}$$

当 n 个单元的可靠度都为 $R = e^{-\lambda t}$ 时，$k/n[G]$ 系统的可靠度为

$$R_S = \sum_{i=k}^n C_n^k R^i (1-R)^{n-k} = \sum_{i=k}^n C_n^k e^{-\lambda t} (1-e^{-\lambda t})^{n-k}, \quad k \leqslant n \tag{4.25}$$

$$\theta_S = \sum_{i=k}^n \frac{1}{i\lambda} \tag{4.26}$$

例 4.7　某型飞机发动机的寿命服从指数分布，已知 $\lambda = 0.001\ h^{-1}$。试求 $t = 100\ h$ 时刻，2 台发动机同时工作、2/3[G]工作情况以及两两并联后串联工作的系统可靠度及平均寿命。

解：根据题意，

$$R_i = e^{-\lambda t} = e^{-0.001t}$$

当 $t = 100\ h$ 时，

$$R_i = e^{-0.1}$$

① 2 台发动机同时工作，即 2 台发动机串联工作时，

$$R_S = R_1R_2 = e^{-0.2} = 0.8187$$

$$\theta_S = \frac{1}{\lambda_S} = \frac{1}{\lambda_1+\lambda_2} = \frac{1}{0.002\ h^{-1}} = 500\ h$$

② 2/3[G]工作时，

$$R_S = 3e^{-2\lambda t} - 2e^{-3\lambda t} = 3e^{-0.2} - 2e^{-0.3} = 0.9745$$

$$\theta_S = \frac{5}{6\lambda} = \frac{5}{0.006\ h^{-1}} = 833\ h$$

③ 两两并联后串联工作时，

$$R_S = [1-(1-R_i)(1-R_i)]^2 = [1-(1-\mathrm{e}^{-0.1})^2]^2 = 0.982$$

$$\theta_S = \int_0^{\infty} R_S \mathrm{d}t = \int_0^{\infty} [1-(1-\mathrm{e}^{-0.001t})^2]^2 \mathrm{d}t = \frac{7}{12\lambda} = \frac{7}{12 \times 0.001\ \mathrm{h}^{-1}} = 583\ \mathrm{h}$$

由此可见，$2/3[G]$ 系统的可靠度要高于 2 台发动机同时工作的情况，接近 4 台发动机同时工作的可靠度，其平均寿命较高。同时，由于采用了 3 台发动机，降低了成本，其经济性也得到了提高。

4.5 储 备 系 统

为了增加系统的可靠性，在关键单元处设置备用单元。一旦关键单元失效，备用单元马上接替主单元介入工作，以保证系统正常运行。这种系统被称为储备系统。储备系统是一种非工作冗余系统。所谓冗余，是为了提供系统的可靠性，使用超过系统正常工作所需数目的单元。串联系统不具备冗余性，因为串联系统中只要有一个单元失效，整个系统就会失效。并联系统、$k/n[G]$ 系统是典型的冗余系统，因为单一单元失效不会导致系统失效。但是，系统中的全部单元参与工作，因此是工作冗余（显式冗余或主动冗余）。而储备系统的备用单元平时不参与工作，只有在"所需"的情况下，才接入系统中正常工作，因此是非工作冗余（隐式冗余或被动冗余）。储备系统的可靠性框图如图 4.17 所示。

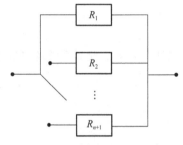

图 4.17 储备系统的可靠性框图

根据备用单元在非工作期间失效与否，储备系统可分为冷储备和热储备两大系统。冷储备系统是备用单元在非工作期间失效率为零的系统，热储备系统是备用单元在非工作期间失效率不为零的系统。热储备系统计算较为复杂，这里仅讨论冷储备系统的可靠度计算情况。根据失效检测与转换装置的工作状态，储备系统又可分为理想开关情况和不完全理想开关情况下的两大系统。理想开关情况即转换过程完全可靠，也称为完全切换；不完全理想开关情况即转换过程不一定可靠，也称为不完全切换。理想开关冷储备系统也称为旁联系统。

1) 理想开关情况

系统由 $n+1$ 个单元（1 个工作单元、n 个储备单元）和 1 个转换装置组成。假设所有单元的寿命分布都是失效率为 λ 的指数分布，则理想开关状态下，系统的寿命为所有单元寿命之和，即

$$T_S = \sum_{i=1}^{n+1} T_i \tag{4.27}$$

系统可靠度为

$$R_S = \sum_{k=0}^{n} \frac{\lambda t^k}{k!} \mathrm{e}^{-\lambda t} = \left[1 + \lambda t + \frac{(\lambda t)^2}{2!} + \cdots + \frac{(\lambda t)^n}{n!}\right] \mathrm{e}^{-\lambda t} \tag{4.28}$$

$$\theta_S = \frac{n+1}{\lambda} \tag{4.29}$$

当只有 2 个单元时，1 个单元工作，1 个单元备用。此时，系统可靠度为

$$R_S = (1+\lambda t)e^{-\lambda t} \tag{4.30}$$

$$\theta_S = \frac{2}{\lambda} \tag{4.31}$$

2) 不完全理想开关情况

不完全理想开关情况下,冷储备系统的可靠度计算比较复杂。这里仅讨论 2 个单元的情况。假设转换装置失效率为 λ_d,2 个单元的失效率分别为 λ_1、λ_2。

假设工作单元 R_1 失效时,转换装置已经失效,则系统寿命

$$T_S = T_1 \tag{4.32}$$

假设工作单元 R_1 失效时,转换装置未失效,则系统寿命

$$T_S = T_1 + T_2 \tag{4.33}$$

此时,系统的可靠度和平均寿命分别为

$$R_S = e^{-\lambda_1 t} + \frac{\lambda_1}{\lambda_d + \lambda_1 - \lambda_2} \left[e^{-\lambda_2 t} - e^{-(\lambda_1 + \lambda_d)t} \right] \tag{4.34}$$

$$\theta_S = \frac{1}{\lambda_1} + \frac{\lambda_1}{\lambda_2(\lambda_d + \lambda_1)} \tag{4.35}$$

若 $\lambda_1 = \lambda_2 = \lambda$,此时系统的可靠度和平均寿命分别为

$$R_S = e^{-\lambda t} + \frac{\lambda}{\lambda_d} \left[e^{-\lambda t} - e^{-(\lambda + \lambda_d)t} \right] \tag{4.36}$$

$$\theta_S = \frac{1}{\lambda} + \frac{1}{\lambda + \lambda_d} \tag{4.37}$$

如果转换装置在不使用时不失效,而在需要使用时其可靠度为 R_d,则此时系统可靠度分别为

$$R_S = e^{-\lambda_1 t} + R_d \frac{\lambda_1}{\lambda_1 - \lambda_2} \left[e^{-\lambda_2 t} - e^{-\lambda_1 t} \right] \tag{4.38}$$

$$\theta_S = \frac{1}{\lambda_1} + \frac{1}{\lambda_2} R_d \tag{4.39}$$

若 $\lambda_1 = \lambda_2 = \lambda$,则此时系统的可靠度和平均寿命分别为

$$R_S = (1 + \lambda t R_d)e^{-\lambda t} \tag{4.40}$$

$$\theta_S = \frac{1}{\lambda}(1 + R_d) \tag{4.41}$$

随着航空航天工业技术的发展以及飞机系统复杂程度的提高,许多系统可靠性研究的新方法逐渐被提出,包括马尔可夫(Markov)法、GO 法、GO-FLOW 法、贝叶斯(Bayes)法、Petri 网络法、蒙特卡罗(Monte-Carlo,MC)法、频数分布(Phase-type Distribution,PH)法、通用生产函数(Universal Generating Function,UGF)法等以及在此基础上的改进算法和结合应用。对于具有多阶段、多任务、多时序、多状态、多性能、多参数或模糊数据等特性的退化系统、表决系统、灰色系统、储备系统、可修复系统、储能系统等复杂冗余系统,上述系统可靠性分析方法能够更真实地反映各系统组成间的复杂关系,使得计算结果更加准确,更符合飞机系统对于计算精度的要求。

课后复习题

1. 图 4.18 所示为二级分流式减速器,仅考虑 6 个齿轮的可靠性,绘制可靠性逻辑框图;并分别利用最小路集分析法、状态枚举法、全概率分析法、蒙特卡罗法计算其可靠度。已知:$R_1 = R_3 = 0.95, R_2 = R_4 = 0.97, R_5 = 0.99, R_6 = 0.995$。

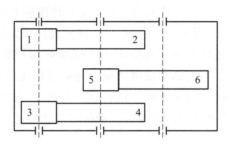

图 4.18　课后复习题 1:二级分流式减速器

2. 已知图 4.19 中各部件的可靠度为均 0.8,试用全概率法求解系统的可靠度。

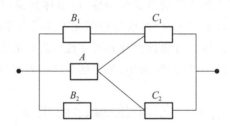

图 4.19　课后复习题 2 图

第 5 章　可靠性预计和分配

原则上来说,产品的可靠度是需要通过大量可靠性试验获得的,但是有些领域可靠性试验的成本十分昂贵。例如我国国产大飞机 C919,进行全机地面静力试验后,这架 C919 飞机将不会再飞上天空。因此,在很多情况下,是通过系统可靠性设计来保证产品的可靠性的。系统的可靠性设计就是产品在满足规定的可靠性指标、完成预定规定功能的前提下,使得产品的技术性能、重量指标、制造成本及使用寿命等取得协调并达到最优化的结果;或者在性能、重量、成本、寿命和其他要求的条件下,设计出高可靠性产品。因此,在产品制造之前就需要控制产品的可靠性,即在产品设计阶段进行可靠性设计。系统可靠性设计方法主要包括可靠性预计和可靠性分配。

可靠性预计和可靠性分配是可靠性设计中的相反过程。可靠性预计是根据产品最基本的元器件或者零部件的可靠性数据来推测产品的可靠度,是由局部到总体、由小到大、由下到上的过程。可靠性分配是根据产品要求的可靠性指标,由总体到局部、由大到小、由上到下地将可靠性指标分配到每一个元件或者零部件,通过控制元器件或者零部件的可靠性指标,最后达到产品所要求的整体可靠性指标。可靠性预计和可靠性分配是有着严格技术内在关系的对立统一过程,经常在产品可靠性设计中同时采用,最终达到产品可靠性要求。

5.1　可靠性预计的目的

可靠性预计是在产品设计过程中定量地预测产品可靠性的一种方法。其目的是在综合考虑产品的性能、可靠性指标、费用、寿命等因素的基础上,通过采用相应的可靠性预计技术,使产品满足可靠性要求。总而言之,在对产品的性能、重量、费用等相关因素提出具体要求后,希望达到最高的实际可靠性,这就是可靠性预计的目的。

系统可靠性设计的主要任务是通过设计,基本实现系统的固有可靠性。固有可靠性是系统所能达到的可靠性上限,后续所有的其他因素,包括维修、保养和维护,只能使系统的使用可靠性尽可能地接近固有可靠性。可靠性设计的任务就是实现产品可靠性设计的目的,通过设计、改进,有效地消除隐患,找到薄弱环节,从而满足可靠性要求。可靠性设计一般有两种情况:一种是按照给定的目标要求进行设计,通常用于新产品的开发研究;另一种是寻找薄弱环节并加以改进,达到可靠性增长的目的。

综上所述,可靠性预计的目的和主要用途有:

① 评价系统是否能够达到要求的可靠性指标;

② 在方案论证阶段,比较不同方案的可靠性水平,选择最优方案;

③ 找到系统的薄弱环节,通过改进调整,提高系统的可靠性;

④ 为可靠性试验、验证及成本核算提供依据;

⑤ 为可靠性分配奠定基础。

可靠性预计是一种事先设计手段,根据已有的不完整的数据、资料,对产品的可靠性的一种预测。因此,可靠性预测与产品的实际可靠性不是完全相同的。但是,可靠性预计具有十分重要的工程意义。在可靠性预计中,要注意数据的真实性、准确度等。同时,在不同阶段,要注意采用不同的可靠性预计方法。

5.2　可靠性预计的程序

可靠性预计可分为基本可靠性预计和任务可靠性预计。基本可靠性预计用于估计由产品不可靠性所导致的对维修和后勤保障的要求;任务可靠性预测用于估算产品在执行任务过程中完成其规定功能的概率。可靠性预计的一般程序如下:

① 明确产品的目的、用途、任务、性能参数及失效条件;

② 确定产品的构成、各个基本单元;

③ 绘制可靠性框图;

④ 确定产品的工作环境参数、应力参数、失效分布、失效率;

⑤ 建立产品的可靠性模型;

⑥ 预计产品可靠度指标;

⑦ 编写可靠性预计报告。

可靠性预计的分类及应用如表 5.1 所列。

表 5.1　可靠性预计的分类及应用

类　别	阶　段	阶段特点	常用方法
Ⅰ类 可靠性预计	方案论证阶段	所能提供的信息只能描述产品的总体情况	相似产品法、相似电路法、有源组件法
Ⅱ类 初步预计	详细设计早期	所能提供的信息是产品工程图 或草图及各个单元的详细资料	部件计数法(元器件计数法)
Ⅲ类 详细预计	详细设计中后期	产品的每个组成单元都有 工作环境和应力信息	元件应力分析法

5.3　可靠性预计的一般方法

5.3.1　单元可靠性预计

为了预计产品的可靠性,必须要对组成产品的单元进行可靠性预计。一般需要估计出元件的失效率(平均失效率)。可以通过收集数据预计法(查阅可靠性手册)、经验公式计算法、元器件计数法和元器件应力分析法进行单元可靠性预计。

1) 元器件计数法

元器件计数法是一种早期可靠性预计法。这种方法在产品原理图基本形成,元器件清单初步确定的情况下应用。其设备的失效率公式为

$$\lambda_{设备} = \sum_{i=1}^{n} N_i(\lambda_G \pi_Q) \tag{5.1}$$

式中:$\lambda_{设备}$——设备的总失效率;

$\quad\lambda_G$——第 i 种元器件的通用失效率;

$\quad\pi_Q$——第 i 种元器件的通用质量系数;

$\quad N_i$——第 i 种元器件的数量;

$\quad n$——设备所用元器件的种类数。

通用失效率 λ_G 是指在某一环境类型中,在通用工作环境温度和常用工作压力条件下的失效率。国产元件的 λ_G、π_Q 值可在《电子设备可靠性预计手册》中查询。应用上述方法对设备进行可靠性预计时,为了快速估算,可取 $\lambda_G = 10^{-5} \sim 10^{-6}$ h^{-1} 乘以元件总数 N(假设失效分布为指数分布),即

$$\lambda_{设备} = N\lambda_G \quad \text{MTBF} = \frac{1}{\lambda_{设备}}$$

有时为了保证设备质量,使用现场通用失效率时,再加上一个补偿系数 α,则表达式为

$$\lambda_{设备} = (1+\alpha)\sum_{i=1}^{n} N_i(\lambda_G \pi_Q) \tag{5.2}$$

式中:α——补偿系数,可取 0.01~0.05。

例 5.1 设某一产品有 4 类元件,元件参数见表 5.2,请预测该设备工作 50 h 的可靠度。

表 5.2 元件参数表

种 类	A	B	C	D
数 量	1	16	200	300
失效率/h	100×10^{-6}	5×10^{-6}	20×10^{-6}	1.5×10^{-6}

解: 假设质量等级 $\pi_Q = 1$,则应用式(5.1)得

$$\lambda_{设备} = \sum_{i=1}^{n} N_i(\lambda_G \pi_Q)$$

代入数值,得

$\lambda_{设备} = (1\times100\times10^{-6}\times1 + 16\times5\times10^{-6}\times1 + 200\times20\times10^{-6}\times1 + 300\times1.5\times10^{-6}\times1)$ h

$\quad\quad = 0.463\times10^{-2}$ h

则

$$R(t) = e^{-\int_0^t \lambda(t)\,dt}$$

当 $t = 50$ h 时,有

$$R(t) = e^{-\int_0^{50} 0.463\times10^{-2}\,dt} = e^{-0.463\times10^{-2}\times50} = e^{-0.2315} = 0.79334$$

故预测该系统工作 50 h 时的可靠度为 79.334%。

2)元器件应力分析法

这种预计方法是详细的可靠性预计法。在产品的详细设计阶段或后期阶段的设计,产品已有详细的元器件清单、热分析结果、元器件所受应力的计算结果及所经历的典型环境条件等。

国际上许多国家都相继出版过电子设备可靠性预计手册,其中最有影响力的是《美国国防部军用手册》(MIL-HDBK-217F)。对于进口元器件,可按该手册进行预计。对于国产元器件,可使用我国出版的《电子设备可靠性预计手册》(GJB/Z-299C—2006)提供的数据和方法进行预计。以分立半导体元器件为例,其在工作条件下的工作失效率预计模型为

$$\lambda_P = \lambda_b (\pi_E \pi_Q \pi_A \pi_{S_2} \pi_R \pi_C) \tag{5.3}$$

式中:λ_P——工作失效率;

$\quad\lambda_b$——基本失效率,指元器件在电应力和温度压力作用下的失效率,通常用电应力和温度应力对电子元器件失效率影响的关系模型来表示;

$\quad\pi_E$——环境系数(或称环境因子),其数值取决于元器件的种类和除温度以外的使用环境;

$\quad\pi_Q$——质量系数(或称质量因子),不同质量等级的同类元器件取值不同;

$\quad\pi_A$——应用系数(或称电路系数、电路因子),同一元器件在不同的线路中使用时取值不同;

$\quad\pi_{S_2}$——电压应力系数(或称电压应力因子),元器件外加不同电压时取值不同;

$\quad\pi_R$——额定功率或额定电流系数(或称额定功率或额定电流因子),不同额定功率或电流的元器件有不同的取值;

$\quad\pi_C$——种类系数或结构系数(或称复杂性因子),相同类型的单管、双管、复合管有不同的取值。各种系数可查阅手册获得。

可靠性预计的准确性是相对而言的,可行性预计的准确度不如初步预计准确性高,这与所提供的信息有关。详细预计的准确性要比初步预计的准确性高,但与产品真实的可靠性水平相比又不够准确。虽然如此,对产品进行可靠性预计仍然是一项重要工作,因为它能够使产品的设计人员做到心中有数。

5.3.2　系统可靠性预计

在使用元器件计数法、元器件应力分析法进行可靠性预测以后(机械结构可通过矩法等方法进行单元可靠性预计),根据设备所用元器件、零件的数量和系统结构,可以计算出设备或系统的失效率和可靠度。计算方法通常有数学模型法、边值法(上下限法)和蒙特卡罗法等。其中,边值法对于复杂系统,特别是那些难以准确绘制可靠性框图的系统尤其适用,同时能保证一定精度,该法在复杂的阿波罗号宇宙飞船中得到了成功的应用。

1. 边值法的基本思想

边值法是指求上下限的边值,因而也称为上下限法。对于一些很复杂的系统,采用数学模型很难得到可靠性的函数表达式。而边值法不采用直接推导的方法,忽略一些次要因素,用近似的数值来逼近系统可靠度真值,从而使烦琐的过程变得简单。边值法的基本思想是,将一个不能用数学模型法求解的复杂系统,先简单地看成某些单元的串联系统,求该串联系统的可靠度预测值的上限值和下限值,然后再逐步考虑系统的复杂情况,并逐次求出系统可靠度越来越精确的上限值和下限值,当达到一定精度要求后,再将上限值和下限值作数学处理,合成一个可靠度单一预测值。

边值法首先假定系统中非串联部分的可靠度为 1，从而忽略了它的影响，显然这样算出的可靠度是最高的，这就是第一次简化的上限值。然后假设非串联单元不起冗余作用，全部作为串联单元处理，这样处理系统的方法最简单，所以计算的可靠度肯定是最低的，即为第一次简化的下限值。如果考虑一些非串联单元同时失效对可靠度上限的影响，并以此来修正上述的上限值，则上限值会更加逼近真实值。同理，若考虑某型非串联单元失效不会引起系统失效的情况，则会提升下限值而接近真实值。考虑的因素越多，上下限值越接近可靠度真值，最后通过综合公式得到近似的系统可靠度。

图 5.1 所示为边值法的图解表示。若用 $R_{m上}$ 和 $R_{n下}$ 分别表示第 m 次和第 n 次简化的系统可靠度上限值和下限值，则 $R_{1上}$、$R_{2上}$ 表示第 1 次和第 2 次简化后的系统可靠度上限值，$R_{1下}$、$R_{2下}$ 和 $R_{3下}$ 则表示第 1 次、第 2 次和第 3 次简化后的系统可靠度下限值。由于每次简化都是在前一次简化的基础上进行的，因此选定的 m 值和 n 值越大，得出的系统可靠度的上限值和下限值就越接近其可靠度真值。为了保证精度，m、n 取值应尽可能相近，一般选择 $m=n$，或者 $m=n-1$。

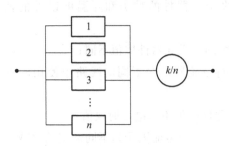

图 5.1　边值法的图解表示

2. 边值法的计算方法

边值法的计算过程主要分 3 个步骤，即计算系统的可靠度上限值、下限值及上下限综合值。设有一个系统，它的可靠性框图由 k_1 个串联单元和 k_2 个非串联单元组成，各个单元的可靠度为 $R_i(i=1\sim k_1+k_2)$，则其不可靠度（故障概率）为 $q_i=1-R_i$。

1）计算系统的可靠度上限值

第 m 次简化后系统的可靠度上限值为

$$R_{m上}=R_{1上}-Q_{2上}-\cdots-Q_{m上} \tag{5.4}$$

式中：$R_{1上}$——第一次简化后系统的可靠度上限值，即假设系统的非串联部分的可靠度为 1 时系统的可靠度。依据串联系统可靠性计算方法可知：

$$R_{1上}=\prod_{i=1}^{k_1}R_i \tag{5.5}$$

$Q_{2上}$——非串联单元中任何两个失效引起系统失效的概率。假设这种情况有 n_2 种，可以推导出

$$Q_{2上}=\prod_{i=1}^{k_1}R_i\prod_{j=1}^{k_2}R_j\left(\sum_{j,k=1}^{n_2}\frac{q_j}{R_j}\frac{q_k}{R_k}\right) \tag{5.6}$$

$Q_{3上}$——非串联单元中任何三个失效引起系统失效的概率。假设这种情况有 n_3 种，可以推导出

$$Q_{3上}=\prod_{i=1}^{k_1}R_i\prod_{j=1}^{k_2}R_j\left(\sum_{j,k,n=1}^{n_3}\frac{q_j}{R_j}\frac{q_k}{R_k}\frac{q_n}{R_n}\right) \tag{5.7}$$

$Q_{m\text{上}}$——非串联单元中任何 m 个失效引起系统失效的概率。假设这种情况有 n_m 种,可以推导出

$$Q_{m\text{上}} = \prod_{i=1}^{k_1} R_i \prod_{j=1}^{k_2} R_j \Big(\sum_{j,k,\cdots,m=1}^{n_m} \frac{q_j}{R_j} \frac{q_k}{R_k} \cdots \frac{q_m}{R_m} \Big) \tag{5.8}$$

可得

$$R_{m\text{上}} = \prod_{i=1}^{k_1} R_i \Big[1 - \prod_{j=1}^{k_2} R_j \Big(\sum_{j,k=1}^{n_2} \frac{q_j}{R_j} \frac{q_k}{R_k} + \sum_{j,k,n=1}^{n_3} \frac{q_j}{R_j} \frac{q_k}{R_k} \frac{q_n}{R_n} + \cdots + \sum_{j,k,\cdots,m=1}^{n_m} \frac{q_j}{R_j} \frac{q_k}{R_k} \cdots \frac{q_m}{R_m} \Big) \Big] \tag{5.9}$$

由于非串联单位中不存在单独失效引起系统失效的可能,故此正整数 m 只能取 $2 \sim k_2$。当非串联单元的失效概率很小(如不大于 0.1)时,可以将高次项乘积舍去,即取 $m=2$,既能简化计算过程又能保证一定精度。此时,

$$R_{2\text{上}} = R_{1\text{上}} - Q_{2\text{上}} = \prod_{i=1}^{k_1} R_i \Big[1 - \prod_{j=1}^{k_2} R_j \Big(\sum_{j,k=1}^{n_2} \frac{q_j}{R_j} \frac{q_k}{R_k} \Big) \Big] \tag{5.10}$$

2)计算系统的可靠度下限值

第 n 次简化后系统的可靠度下限值为

$$R_{n\text{下}} = R_{1\text{下}} + Q_{1\text{下}} + Q_{2\text{下}} + \cdots + Q_{(n-1)\text{下}} \tag{5.11}$$

式中:$R_{1\text{下}}$——第一次简化后系统的可靠度下限值,即假设系统的非串联单元全部串联起来后系统的可靠。同上可知:

$$R_{1\text{下}} = \prod_{i=1}^{k_1+k_2} R_i \tag{5.12}$$

$Q_{1\text{下}}$——在第一次简化的基础上,非串联单元中任何一个单元失效,系统仍工作的概率。

若非串联单元中第 j 个单元失效系统仍正常工作,则该系统此时的工作概率为

$$R_1 R_2 \cdots R_{k_1} \cdots q_j \cdots R_{k_1+k_2} = \prod_{i=1}^{k_1+k_2} R_i \frac{q_j}{R_j} \tag{5.13}$$

设此种情况有 n_1 种,则

$$Q_{1\text{下}} = \prod_{i=1}^{k_1+k_2} R_i \Big(\sum_{j=1}^{n_1} \frac{q_j}{R_j} \Big) \tag{5.14}$$

$Q_{2\text{下}}$——在第一次简化的基础上,非串联单元中任何两个单元失效,系统仍工作的概率。

若非串联单元中第 j 个单元和第 k 个单元失效系统仍正常工作,则该系统此时的工作概率为

$$R_1 R_2 \cdots R_{k_1} \cdots q_j q_k \cdots R_{k_1+k_2} = \prod_{i=1}^{k_1+k_2} R_i \Big(\frac{q_j}{R_j} \frac{q_k}{R_k} \Big) \tag{5.15}$$

设此种情况有 n_2 种,则

$$Q_{2\text{下}} = \prod_{i=1}^{k_1+k_2} R_i \Big(\sum_{j,k=1}^{n_2} \frac{q_j}{R_j} \frac{q_k}{R_k} \Big) \tag{5.16}$$

$Q_{(n-1)\text{下}}$——在第一次简化的基础上,非串联单元中任何 $n-1$ 个单元失效,系统仍工作

的概率。设这种情况有 $n-1$ 种,则该系统此时的工作概率为

$$Q_{(n-1)下} = \prod_{i=1}^{k_1+k_2} R_i \left(\underbrace{\sum_{j,k,\cdots,n-1=1}^{n_{n-1}} \frac{q_j}{R_j} \frac{q_k}{R_k} \cdots \frac{q_{n-1}}{R_{n-1}}}_{n-1个} \right) \tag{5.17}$$

将以上公式代入式(5.11),可得

$$R_{n下} = \prod_{i=1}^{k_1+k_2} R_i \left(1 + \sum_{j=1}^{n_1} \frac{q_j}{R_j} + \sum_{j,k=1}^{n_2} \frac{q_j}{R_j} \frac{q_k}{R_k} + \cdots + \underbrace{\sum_{j,k,\cdots,n-1=1}^{n_{n-1}} \frac{q_j}{R_j} \frac{q_k}{R_k} \cdots \frac{q_{n-1}}{R_{n-1}}}_{n-1个} \right) \tag{5.18}$$

对于任何非串联部分都不存在全部失效后系统仍工作的可能,$n-1$ 的取值只能是 $1\sim k_2-1$ 范围内的整数。同样,在系统的非串联单元失效率很小的情况下,为保证一定计算精度,可以简化计算过程,取 $n=3(n-1=2)$,则有

$$R_{3下} = R_{1下} + Q_{1下} + Q_{2下} = \prod_{i=1}^{k_1+k_2} R_i \left(1 + \sum_{j=1}^{n_1} \frac{q_j}{R_j} + \sum_{j,k=1}^{n_2} \frac{q_j}{R_j} \frac{q_k}{R_k} \right) \tag{5.19}$$

3) 计算上下限综合值

在计算出 $R_{m上}$ 和 $R_{n下}$ 的基础上,可以通过下式求系统的可靠度预测值:

$$R_s = 1 - \sqrt{(1-R_{m上})(1-R_{n下})} \tag{5.20}$$

当 $m=2,n=3$ 时,有

$$R_s = 1 - \sqrt{(1-R_{2上})(1-R_{3下})} \tag{5.21}$$

当 $m=3,n=3$ 时,有

$$R_s = 1 - \sqrt{(1-R_{3上})(1-R_{3下})} \tag{5.22}$$

例 5.2 系统的可靠性框图如图 5.2 所示。其中,单元可靠度分别为 $R_1=R_3=R_7=0.8$,$R_2=R_4=R_6=0.7,R_5=0.9$。试用边值法求解系统可靠度。

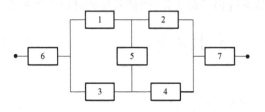

图 5.2 例 5.2 系统的可靠性框图

解:由图 5.2 可知,系统中有 2 个串联单元,分别为 6 和 7,所以 $k_1=2$;有 5 个非串联单元,分别为 1、2、3、4、5,所以 $k_2=5$,则 $q_1=1-R_1=0.2,q_2=1-R_2=0.3,q_3=1-R_3=0.2,q_4=1-R_4=0.3,q_5=1-R_5=0.1$。

求解可靠性上限值。为了简化计算过程,取 $m=2$。当非串联单元中任意 2 个单元同时失效时,系统失效的情况有 2 种,分别是(1、3)和(2、4),故有

$$R_{2上} = R_{1上} - Q_{2上} = \prod_{i=1}^{k_1} R_i \left[1 - \prod_{j=1}^{k_2} R_j \left(\sum_{j,k=1}^{n_2} \frac{q_j}{R_j} \frac{q_k}{R_k} \right) \right]$$

$$= \prod_{i=1}^{2} R_i \left[1 - \prod_{j=1}^{5} R_j \left(\sum_{j,k=1}^{n_2} \frac{q_j}{R_j} \frac{q_k}{R_k} \right) \right] = R_6 R_7 \left[1 - R_1 R_2 R_3 R_4 R_5 \left(\frac{q_1}{R_1} \frac{q_3}{R_3} + \frac{q_2}{R_2} \frac{q_4}{R_4} \right) \right]$$

$$= 0.7 \times 0.8 \times \left[1 - 0.8 \times 0.7 \times 0.8 \times 0.7 \times 0.9 \left(\frac{0.2 \times 0.2}{0.8 \times 0.8} + \frac{0.3 \times 0.3}{0.7 \times 0.7} \right) \right]$$

$$= 0.521\,091\,2$$

求解可靠性下限值。为了简化计算过程，取 $n=3$，则 $n-1=2$。非串联单元中任意一个失效系统仍然正常工作的情况有 5 种，即 1、2、3、4、5；任意 2 个非串联单元失效系统仍正常工作的情况有 8 种，即 (1,2)、(1,4)、(3,2)、(3,4)、(1,5)、(2,5)、(3,5) 和 (4,5)，故有

$$R_{3\text{下}} = R_{1\text{下}} + Q_{1\text{下}} + Q_{2\text{下}} = \prod_{i=1}^{k_1+k_2} R_i \left(1 + \sum_{j=1}^{n_1} \frac{q_j}{R_j} + \sum_{j,k=1}^{n_2} \frac{q_j}{R_j}\frac{q_k}{R_k}\right)$$

$$= R_1 R_2 R_3 R_4 R_5 R_6 R_7 \left[1 + \left(\frac{q_1}{R_1} + \frac{q_2}{R_2} + \frac{q_3}{R_3} + \frac{q_4}{R_4} + \frac{q_5}{R_5}\right) + \left(\frac{q_1 q_2}{R_1 R_2} + \frac{q_1 q_4}{R_1 R_4} + \frac{q_3 q_2}{R_3 R_2} + \frac{q_3 q_4}{R_3 R_4} + \right.\right.$$

$$\left.\left. \frac{q_1 q_5}{R_1 R_5} + \frac{q_2 q_5}{R_2 R_5} + \frac{q_3 q_5}{R_3 R_5} + \frac{q_4 q_5}{R_4 R_5}\right)\right]$$

$$= 0.8 \times 0.7 \times 0.8 \times 0.7 \times 0.9 \times 0.7 \times 0.8 \times \left[1 + \left(\frac{0.2}{0.8} + \frac{0.3}{0.7} + \frac{0.2}{0.8} + \frac{0.3}{0.7} + \frac{0.1}{0.9}\right) + \right.$$

$$\left(\frac{0.2 \times 0.3}{0.8 \times 0.7} + \frac{0.2 \times 0.3}{0.8 \times 0.7} + \frac{0.2 \times 0.3}{0.8 \times 0.7} + \frac{0.2 \times 0.3}{0.8 \times 0.7} + \frac{0.2 \times 0.1}{0.8 \times 0.9} + \frac{0.3 \times 0.1}{0.7 \times 0.9} + \right.$$

$$\left.\left. \frac{0.2 \times 0.1}{0.8 \times 0.9} + \frac{0.3 \times 0.1}{0.7 \times 0.9}\right)\right]$$

$$= 0.481\ 689\ 5$$

则，系统的可靠度预测值为

$$R_s = 1 - \sqrt{(1-R_{m\text{上}})(1-R_{n\text{下}})} = 1 - \sqrt{(1-R_{2\text{上}})(1-R_{3\text{下}})}$$

$$= 1 - \sqrt{(1-0.521\ 091\ 2)(1-0.481\ 689\ 5)}$$

$$= 0.501\ 779\ 7$$

当 $m=3, n=3$ 时，系统可靠度预测值为 $R_s = 0.485\ 872\ 8$。利用数学模型法求得的系统可靠度为 $0.485\ 452\ 8$。本例中，当 $m=2, n=3$ 时，系统可靠度预测值与真值差距较大，这主要是因为该系统的单元失效率较高（大于 0.1），这种情况在工程中比较少见。

例 5.3　系统的可靠性框图如图 5.3 所示。已知所有单元的失效率均为 $0.001\ \text{h}^{-1}$，试用边值法预测该系统工作 80 h 时的可靠度。

解：由已知条件可知，该系统组成单元均服从指数分布，失效率 $\lambda_i = 0.001\ \text{h}^{-1}$，则工作 80 h 时，单元可靠度 $R_i = \text{e}^{-0.001 \times 80} = \text{e}^{-0.08} = 0.923\ 1$。

系统中有 2 个串联单元，分别是 A 和 B，所以 $k_1=2$；有 6 个非串联单元，分别是 C、D、E、F、G、H，所以 $k_2=6$，则 $q_i = 1-R_i = 0.076\ 9$。

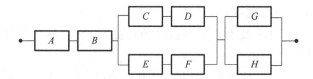

图 5.3　例 5.3 系统的可靠性框图

求解可靠度上限值。取 $m=2$，当非串联单元中任意 2 个单元同时失效时，系统失效的情况有 5 种，分别是 CE、CF、DE、DF、GH，故有

$$R_{2\text{上}} = R_{1\text{上}} - Q_{2\text{上}} = \prod_{i=1}^{k_1} R_i \left[1 - \prod_{j=1}^{k_2} R_j \left(\sum_{j,k=1}^{n_2} \frac{q_j}{R_j}\frac{q_k}{R_k}\right)\right] = \prod_{i=1}^{2} R_i \left[1 - \prod_{j=1}^{6} R_j \left(\sum_{j,k=1}^{n_2} \frac{q_j}{R_j}\frac{q_k}{R_k}\right)\right]$$

$$= R_A R_B \left[1 - R_C R_D R_E R_F R_G R_H \left(\frac{q_C}{R_C}\frac{q_E}{R_E} + \frac{q_C}{R_C}\frac{q_F}{R_F} + \frac{q_D}{R_D}\frac{q_E}{R_E} + \frac{q_D}{R_D}\frac{q_F}{R_F} + \frac{q_G}{R_G}\frac{q_H}{R_H}\right)\right]$$

$$= 0.923\ 1^2 \times \left[1 - 0.923\ 1^6 \times 5 \times \left(\frac{0.076\ 9}{0.923\ 1}\right)^2\right] = 0.833\ 8$$

求解可靠性下限值。为了简化计算过程,取 $n=3$,则 $n-1=2$。非串联单元中任意一个失效系统仍然正常工作的情况有 6 种,即 C、D、E、F、G、H;任意 2 个非串联单元失效系统仍正常工作的情况有 10 种,即 CD、CG、CH、DG、DH、EF、EG、EH、FG、FH,故有

$$R_{3\text{下}} = R_{1\text{下}} + Q_{1\text{下}} + Q_{2\text{下}} = \prod_{i=1}^{k_1+k_2} R_i \left(1 + \sum_{j=1}^{n_1} \frac{q_j}{R_j} + \sum_{j,k=1}^{n_2} \frac{q_j}{R_j} \frac{q_k}{R_k} \right)$$

$$= R_A R_B R_C R_D R_E R_F R_G R_H \left[1 + \left(\frac{q_C}{R_C} + \frac{q_D}{R_D} + \frac{q_E}{R_E} + \frac{q_F}{R_F} + \frac{q_G}{R_G} + \frac{q_H}{R_H} \right) + \right.$$

$$\left. \left(\frac{q_C q_D}{R_C R_D} + \frac{q_C q_G}{R_C R_G} + \frac{q_C q_H}{R_C R_H} + \frac{q_D q_G}{R_D R_G} + \frac{q_D q_H}{R_D R_H} + \frac{q_E q_F}{R_E R_F} + \frac{q_E q_G}{R_E R_G} + \frac{q_E q_H}{R_E R_H} + \frac{q_F q_G}{R_F R_G} + \frac{q_F q_H}{R_F R_H} \right) \right]$$

$$= 0.923\,1^8 \times \left[1 + \left(6 \times \frac{0.076\,9}{0.923\,1} \right) + 10 \times \left(\frac{0.076\,9}{0.923\,1} \right)^2 \right]$$

$$= 0.827\,3$$

则,系统的可靠度预测值为

$$R_s = 1 - \sqrt{(1-R_{m\text{上}})(1-R_{n\text{下}})} = 1 - \sqrt{(1-R_{2\text{上}})(1-R_{3\text{下}})}$$

$$= 1 - \sqrt{(1-0.833\,8)(1-0.827\,3)}$$

$$= 0.830\,6$$

本算例系统的可靠度真值为 $R_S = 0.828\,55$。

5.4 可靠性分配的原则

可靠性分配是指在产品的设计阶段,将规定的系统可靠度总体指标合理地分配给各个组成单元,明确各个单元的指标要求,从而使系统总体可靠性指标得到保证。可靠性分配与可靠性预计是互逆过程。可靠性分配时应注意以下几种原则:

① 复杂度高的分系统、设备等,通常组成单元多,设计制造难度大,应分配较低的可靠性指标以降低成本;

② 对于技术上不够成熟的产品,分配较低的可靠性指标,以缩短研制时间,降低研发费用;

③ 对于处于恶劣环境下工作的产品,产品的失效率会增加,应分配较低的可靠性指标;

④ 产品的可靠性会随着时间的增加而降低,对于需要长期工作的产品,应分配较低的可靠性指标;

⑤ 对于重要度高的产品,一旦发生故障,会对整个系统产生较大的影响,应分配较高的可靠性指标。

可靠性分配的步骤如下:

① 确定需分配的可靠性参数和指标;

② 绘制整机或系统的可靠性框图;

③ 确定对整机或系统可靠性影响的因素以及各因素的影响程度;

④ 选择合适的分配方法,收集分配所需数据;

⑤ 进行可靠性指标分配;

⑥ 验证所分配的指标是否满足整机或系统的可靠性要求,若不满足,则进行可靠性再分配。

可靠性分配实质上是一个最优化问题。对于一个串联系统,如果没有约束条件,则有无穷多解。因此,要进行可靠性指标分配就必须要明确要求与限制条件,因为分配的方法因要求和限制条件而异。有的设备可以可靠性指标为限制条件,在满足可靠度下限的条件下,使成本、重量及体积等指标尽可能低;有的设备则以成本为限制条件,要求做出使系统可靠度尽可能高的分配方案。

5.5　可靠性分配的方法

5.5.1　串联系统的可靠性分配

1. 等分配法

等分配法又称为平均分配法,它不考虑各个子系统的重要程度,而是把系统总的可靠度指标平均分摊给各个小系统的方法。当系统中 n 个单元具有近似的复杂程度、重要性以及制造成本时,可以采用等分配法。这种分配法的另一个出发点是,考虑串联系统的可靠度往往取决于系统中的薄弱环节,因此,对其他单元分配以高的可靠度没有实际意义。

当系统的可靠度为 R_S,各个单元分配的可靠度为 R_i 时,

$$R_S = \prod_{i=1}^{n} R_i$$

所以,单元的可靠度分配为

$$R_i = (R_S)^{1/n}, \quad i = 1, 2, \cdots, n \tag{5.23}$$

2. 利用预计值的分配法

1) 当各组成单元的预计失效率很小时的可靠性分配

假设由 n 个单元组成的串联系统预计可靠度为 R_{sy},要求系统达到的可靠度为 R_{sq},各个单元的预计可靠度为 R_{iy},分配后的单元可靠度为 R_{ip},相对应的失效概率分别是 q_{sy}、q_{sq}、q_{iy} 和 q_{ip}。由于

$$R_{sy} = \prod_{i=1}^{n} R_{iy}, \quad R_{sy} = 1 - q_{sy}, \quad R_{iy} = 1 - q_{iy}$$

故有

$$1 - q_{sy} = \prod_{i=1}^{n} (1 - q_{iy}) = 1 - \sum_{i=1}^{n} q_{iy} + \sum_{i,j=1}^{n_2} q_{iy}q_{jy} - \cdots \tag{5.24}$$

由于 $q_i (i = 1, 2, \cdots, n)$ 很小,所以可以将式(5.24)的高阶项省略,故有

$$1 - q_{sy} = 1 - \sum_{i=1}^{n} q_{iy} \tag{5.25}$$

可得

$$q_{sy} = \sum_{i=1}^{n} q_{iy} = q_{1y} + q_{2y} + \cdots + q_{ny} \tag{5.26}$$

由于预计的可靠度小于要求达到的可靠度，即预计的失效概率大于要求的失效概率才进行可靠性分配，故

$$q_{ip} < q_{iy} \tag{5.27}$$

因此推得

$$q_{sq} = \sum_{i=1}^{n} q_{ip} = q_{1p} + q_{2p} + \cdots + q_{np} \tag{5.28}$$

将式(5.26)两边同时乘以 q_{sq}/q_{sy}，得

$$q_{sq} = q_{1y}\frac{q_{sq}}{q_{sy}} + q_{2y}\frac{q_{sq}}{q_{sy}} + \cdots + q_{ny}\frac{q_{sq}}{q_{sy}} \tag{5.29}$$

对比式(5.28)和式(5.29)，可得

$$q_{ip} = q_{iy}\frac{q_{sq}}{q_{sy}}, \quad i = 1,2,3,\cdots,n \tag{5.30}$$

由

$$R_{ip} = 1 - q_{ip}$$

可获得单元的可靠度分配值。

例 5.4 某航空系统由 4 个单元串联组成，在进行系统可靠性预计时，各个单元的可靠度分别是 $R_1 = 0.9$，$R_2 = 0.92$，$R_3 = 0.94$，$R_4 = 0.96$。若要求该系统的可靠度为 0.9，试求该系统的 4 个单元的可靠度分配值。

解：

① 首先判断该系统是否需要进行可靠性分配：

$$R_{sy} = R_{1y}R_{2y}R_{3y}R_{4y} = 0.9 \times 0.92 \times 0.94 \times 0.96 = 0.747 < 0.9$$

所以，需要对系统各单元进行可靠性分配。由于组成单元中有的失效概率不够小，所以为保证一次分配成功，按照 $R_{sq} = 0.91$ 进行分配。

② 求各个单元的可靠度的分配值：

$$q_{sy} = 1 - R_{sy} = 1 - 0.747 = 0.253$$
$$q_{sq} = 1 - R_{sq} = 1 - 0.91 = 0.09$$
$$q_{1y} = 1 - R_{1y} = 1 - 0.9 = 0.1$$
$$q_{2y} = 1 - R_{2y} = 1 - 0.92 = 0.08$$
$$q_{3y} = 1 - R_{3y} = 1 - 0.94 = 0.06$$
$$q_{4y} = 1 - R_{4y} = 1 - 0.96 = 0.04$$

由于各个单元的失效概率都很小（$\leqslant 0.1$），所以可得

$$q_{1p} = q_{1y}\frac{q_{sq}}{q_{sy}} = 0.1 \times \frac{0.09}{0.253} = 0.036$$

$$q_{2p} = q_{2y}\frac{q_{sq}}{q_{sy}} = 0.08 \times \frac{0.09}{0.253} = 0.028$$

$$q_{3p} = q_{3y}\frac{q_{sq}}{q_{sy}} = 0.06 \times \frac{0.09}{0.253} = 0.021$$

$$q_{4p} = q_{4y}\frac{q_{sq}}{q_{sy}} = 0.04 \times \frac{0.09}{0.253} = 0.014$$

各个单元的可靠度为

$$R_{1p}=1-0.036=0.964, \quad R_{2p}=0.972, \quad R_{3p}=0.979, \quad R_{4p}=0.986$$

③ 检验分配结果：

$$R_{sp}=R_{1p}R_{2p}R_{3p}R_{4p}=0.964\times0.972\times0.979\times0.986=0.904>0.9$$

所以,可靠性分配结果合格。

这里需要指出的是,当组成单元的失效概率都很低时,如远小于 0.1,此时预计公式的精度较高,故分配时可直接按照设计的可靠度要求,不必增加一定裕度。

2) 当各组成单元的预计失效概率较大时的可靠性分配

当系统的组成单元的失效概率较大时,式(5.24)中的两个或两个以上单元失效概率的乘积不可舍去。因此,采用式(5.30)进行的可靠性分配不够准确。这时可以采用失效率加权分配法进行串联系统可靠性分配。这里只假设组成系统的各个单元失效分布均服从指数分布的情况。

由串联系统可知,

$$\lambda_{sy}=\lambda_{1y}+\lambda_{2y}+\cdots+\lambda_{ny}$$
$$\lambda_{sq}=\lambda_{1p}+\lambda_{2p}+\cdots+\lambda_{np}$$

可得出系统中各个组成单元的可靠度分配公式：

$$\lambda_{ip}=\lambda_{iy}\frac{\lambda_{sq}}{\lambda_{sy}}, \quad i=1\sim n \tag{5.31}$$

式中：λ_{ip}——系统中第 i 个单元的失效率分配值；

λ_{iy}——系统中第 i 个单元的失效率预计值；

λ_{sq}——要求系统达到的失效率值；

λ_{sy}——系统的失效率预计值。

例 5.5　某系统的可靠性框图如图 5.4 所示,5 个组成单元的寿命均为指数分布,在进行系统可靠性预计时,已知在系统工作到 1 000 h 时,5 个单元的可靠度分别为 $R_1=0.9, R_2=0.85, R_3=0.8, R_4=0.75, R_5=0.7$。若要求系统在工作到 1 000 h 时的可靠度不小于 0.7,那么此时 5 个单元的可靠度应为多少？

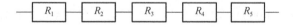

图 5.4　例 5.5 系统的可靠性框图

解：

① 判断该系统是否需要进行可靠性分配。

在 1 000 h 时,

$$R_{sy}(1\,000)=R_{1y}(1\,000)R_{2y}(1\,000)R_{3y}(1\,000)R_{4y}(1\,000)R_{5y}(1\,000)$$
$$=0.9\times0.85\times0.8\times0.75\times0.7=0.321\,3$$

小于 $R_{sq}(1\,000)=0.7$,故对系统的组成单元必须进行可靠性分配。

② 求各个单元的可靠度分配值。

由于在 1 000 h 时各个单元的失效概率 $q_{ip}(1\,000)=1-R_{ip}(1\,000)$ 较大,且均服从指数分布,故可利用式(5.31)进行可靠性分配。

首先可求出：

$$\lambda_{sq} = -\frac{\ln R_{sq}(1\,000)}{1\,000\ \text{h}} = -\frac{\ln 0.7}{1\,000\ \text{h}} = 3.566\,7 \times 10^{-4}\ \text{h}^{-1}$$

$$\lambda_{sy} = -\frac{\ln R_{sy}(1\,000)}{1\,000\ \text{h}} = -\frac{\ln 0.321\,3}{1\,000\ \text{h}} = 11.353\,8 \times 10^{-4}\ \text{h}^{-1}$$

$$\lambda_{1y} = -\frac{\ln R_{1y}(1\,000)}{1\,000\ \text{h}} = -\frac{\ln 0.9}{1\,000\ \text{h}} = 1.053\,6 \times 10^{-4}\ \text{h}^{-1}$$

$$\lambda_{2y} = -\frac{\ln R_{2y}(1\,000)}{1\,000\ \text{h}} = -\frac{\ln 0.85}{1\,000\ \text{h}} = 1.625\,2 \times 10^{-4}\ \text{h}^{-1}$$

$$\lambda_{3y} = -\frac{\ln R_{3y}(1\,000)}{1\,000\ \text{h}} = -\frac{\ln 0.8}{1\,000\ \text{h}} = 2.231\,4 \times 10^{-4}\ \text{h}^{-1}$$

$$\lambda_{4y} = -\frac{\ln R_{4y}(1\,000)}{1\,000\ \text{h}} = -\frac{\ln 0.75}{1\,000\ \text{h}} = 2.876\,8 \times 10^{-4}\ \text{h}^{-1}$$

$$\lambda_{5y} = -\frac{\ln R_{5y}(1\,000)}{1\,000\ \text{h}} = -\frac{\ln 0.7}{1\,000\ \text{h}} = 3.566\,7 \times 10^{-4}\ \text{h}^{-1}$$

根据式(5.31)可得到单元失效率的分配值为

$$\lambda_{1p} = \lambda_{1y}\frac{\lambda_{sq}}{\lambda_{sy}} = \left(1.053\,6 \times 10^{-4} \times \frac{3.566\,7 \times 10^{-4}}{11.353\,8 \times 10^{-4}}\right)\ \text{h}^{-1} = 0.331 \times 10^{-4}\ \text{h}^{-1}$$

$$\lambda_{2p} = \lambda_{2y}\frac{\lambda_{sq}}{\lambda_{sy}} = \left(1.625\,2 \times 10^{-4} \times \frac{3.566\,7 \times 10^{-4}}{11.353\,8 \times 10^{-4}}\right)\ \text{h}^{-1} = 0.510\,5 \times 10^{-4}\ \text{h}^{-1}$$

$$\lambda_{3p} = \lambda_{3y}\frac{\lambda_{sq}}{\lambda_{sy}} = \left(2.231\,4 \times 10^{-4} \times \frac{3.566\,7 \times 10^{-4}}{11.353\,8 \times 10^{-4}}\right)\ \text{h}^{-1} = 0.700\,9 \times 10^{-4}\ \text{h}^{-1}$$

$$\lambda_{4p} = \lambda_{4y}\frac{\lambda_{sq}}{\lambda_{sy}} = \left(2.876\,8 \times 10^{-4} \times \frac{3.566\,7 \times 10^{-4}}{11.353\,8 \times 10^{-4}}\right)\ \text{h}^{-1} = 0.903\,6 \times 10^{-4}\ \text{h}^{-1}$$

$$\lambda_{5p} = \lambda_{5y}\frac{\lambda_{sq}}{\lambda_{sy}} = \left(3.566\,7 \times 10^{-4} \times \frac{3.566\,7 \times 10^{-4}}{11.353\,8 \times 10^{-4}}\right)\ \text{h}^{-1} = 1.120\,3 \times 10^{-4}\ \text{h}^{-1}$$

故可算出各个单元1 000 h时的可靠度分配值为

$$R_{1p}(1\,000) = e^{-\lambda_{1p} \times 1\,000} = e^{-0.331 \times 10^{-4} \times 1\,000} = 0.967\,44$$

$$R_{2p}(1\,000) = e^{-\lambda_{2p} \times 1\,000} = e^{-0.510\,5 \times 10^{-4} \times 1\,000} = 0.950\,23$$

$$R_{3p}(1\,000) = e^{-\lambda_{3p} \times 1\,000} = e^{-0.700\,9 \times 10^{-4} \times 1\,000} = 0.932\,31$$

$$R_{4p}(1\,000) = e^{-\lambda_{4p} \times 1\,000} = e^{-0.903\,6 \times 10^{-4} \times 1\,000} = 0.913\,6$$

$$R_{5p}(1\,000) = e^{-\lambda_{5p} \times 1\,000} = e^{-1.120\,3 \times 10^{-4} \times 1\,000} = 0.894\,02$$

③ 检验分配结果。

按各个单元的可靠度分配值计算系统该时刻的可靠度值为

$$R_{sp}(1\,000) = R_{1p}(1\,000) \cdot R_{2p}(1\,000) \cdot R_{3p}(1\,000) \cdot R_{4p}(1\,000) \cdot R_{5p}(1\,000)$$
$$= 0.967\,44 \times 0.950\,23 \times 0.932\,31 \times 0.913\,6 \times 0.894\,02 = 0.700\,03$$

大于要求系统工作到此刻的可靠度 $R_{sq}(1\,000) = 0.7$,故分配结果合理。

最后概述一下式(5.30)和式(5.31)的适用范围。两者均是对串联系统进行可靠性分配常用的公式,式(5.30)是近似分配公式,而式(5.31)是精确分配公式。式(5.30)适用的组成单元的失效分布可以是各种函数,但各单元的预计失效概率必须都很小(一般小于或等于 0.1);式(5.31)对系统各单元预计失效概率的大小不加限制,但各单元的失效分布都必须服从指数分布。在利用两式进行系统的可靠性分配时,应区别它们的适用范围。

3. 阿林斯分配法

这是考虑重要度的一种分配方法。设有 n 个单元组成的串联系统,它们都服从指数分布。阿林斯分配法的分配步骤如下:

① 根据过去积累的或观察和估计得到的数据,确定单元失效率 λ_i。

② 根据分配前系统失效率 λ_S,确定各个单元的重要度分配因子 W_i:

$$W_i = \frac{\lambda_i}{\lambda_S} = \frac{\lambda_i}{\sum\limits_{i=1}^{n} \lambda_i} \tag{5.32}$$

③ 计算分配的单元失效率 λ_i^*:

$$\lambda_i^* = W_i \lambda_S^* \tag{5.33}$$

式中:λ_S^*——系统要求的失效率。

④ 计算分配单元的可靠度 R_i^*:

$$R_i^* = R_S^{*W_i} \tag{5.34}$$

式中:R_S^*——系统要求的可靠度。

⑤ 检验分配结果。

例 5.6　某系统由 7 个部件组成,现已知各单元的失效率分别为 $\lambda_1 = 0.7 \times 10^{-5}$ h^{-1},$\lambda_2 = 0.1 \times 10^{-5}$ h^{-1},$\lambda_3 = 0.2 \times 10^{-5}$ h^{-1},$\lambda_4 = 0.35 \times 10^{-5}$ h^{-1},$\lambda_5 = 0.25 \times 10^{-5}$ h^{-1},$\lambda_6 = 1.5 \times 10^{-5}$ h^{-1},$\lambda_7 = 2.0 \times 10^{-5}$ h^{-1},该系统为可靠性串联系统,计算系统的失效率 λ_S 及工作 1 000 h 时的可靠度 $R_S(1\,000)$。现要求该系统的失效率到 1×10^{-5} h^{-1},则各个单元的失效率应为多少? 如果希望系统工作 1 000 h 的可靠度达到 0.99,那么各单元的可靠度又为多少?

解:

① 计算系统的失效率 λ_S 和可靠度 $R_S(1\,000)$。

求出 λ_S 为

$$\lambda_S = \sum_{i=1}^{n} \lambda_i = (0.7 + 0.1 + 0.2 + 0.35 + 0.25 + 1.5 + 2.0) \times 10^{-5} \text{ h}^{-1} = 5.1 \times 10^{-5} \text{ h}^{-1}$$

系统工作到 1 000 h 时的可靠度 $R_S(1\,000)$ 为

$$R_S(1\,000) = e^{-\lambda_S t} = e^{-5.1 \times 10^{-5} \times 1\,000} = 0.950\,3$$

② 计算 $\lambda_S^* = 1 \times 10^{-5}$ h^{-1} 时各个单元的失效率 λ_i^*;工作 1 000 h 时,$R_S^* = 0.99$ 的可靠度 R_i^*。

(a) 求各个单元的重要度分配因子 W_i:

$$W_i = \lambda_i / \lambda_S = \frac{0.7 \times 10^{-5}}{5.1 \times 10^{-5}} = 0.137\,3$$

同理,可求得:$W_2 = 0.019\,6$,$W_3 = 0.039\,2$,$W_4 = 0.068\,6$,$W_5 = 0.049\,0$,$W_6 = 0.294\,1$,$W_7 = 0.392\,2$。

(b) 计算各个单元分配到的失效率 λ_i^*:

$$\lambda_1^* = W_1 \lambda_S^* = 0.137\,3 \times 1 \times 10^{-5} = 0.137\,3 \times 10^{-5} \text{ h}^{-1}$$

同理,可求得:$\lambda_2^* = 0.019\,6 \times 10^{-5}$ h^{-1},$\lambda_3^* = 0.039\,2 \times 10^{-5}$ h^{-1},$\lambda_4^* = 0.068\,6 \times 10^{-5}$ h^{-1},

$\lambda_5^* = 0.049\,0 \times 10^{-5}\ \text{h}^{-1}, \lambda_6^* = 0.294\,1 \times 10^{-5}\ \text{h}^{-1}, \lambda_7^* = 0.392\,2 \times 10^{-5}\ \text{h}^{-1}$。

(c) 计算工作 1 000 h 时各个单元分配得到的可靠度 R_i^*：

$$R_1^* = R_S^{*W_1} = 0.99^{0.137\,3} = 0.998\,6$$

同理,可求得: $R_2^* = 0.999\,8$, $R_3^* = 0.999\,6$, $R_4^* = 0.999\,3$, $R_5^* = 0.999\,5$, $R_6^* = 0.997\,0$, $R_7^* = 0.996\,1$。

(d) 验算分配结果。

分配后系统的失效率 λ_S 和可靠度 R_S 分别为

$$\lambda_S = \sum_{i=1}^{7} \lambda_i^* = (0.137\,3 + 0.019\,6 + 0.039\,2 + 0.068\,6 + 0.049\,0 + 0.294\,1 + 0.392\,2) \times 10^{-5}\ \text{h}^{-1}$$
$$= 1.000\,4 \times 10^{-5}\ \text{h}^{-1} \approx 1 \times 10^{-5}\ \text{h}^{-1}$$

$$R_S = \prod_{i=1}^{7} R_i = \prod_{i=1}^{7} R_i^* = 0.998\,6 \times 0.999\,8 \times 0.999\,6 \times 0.999\,3 \times$$
$$0.999\,5 \times 0.997\,0 \times 0.996\,1 \approx 0.99$$

经验算均满足 $\lambda_S = \lambda_S^*$, $R_S = R_S^*$ 的要求。

4. 代数分配法

该方法是由美国电子设备可靠性顾问组(AGREE)在 1957 年 6 月提出的,故称 AGREE 法。它也适用于指数分布的串联系统,因为它综合考虑了单元的复杂性(各单元的元件数目)和重要性(权重),故比阿林斯法更完善。

设串联系统由 k 个分系统组成,则系统可靠性 R_S 为

$$R_S = \prod_{i=1}^{k} R_i = \prod_{i=1}^{k} \left[1 - W_i \left(1 - e^{-\frac{t_i}{m_i}} \right) \right] \tag{5.35}$$

式中: t_i ——第 i 个分系统的工作时间;

m_i ——第 i 个分系统的平均寿命;

W_i ——第 i 个分系统的重要度(权重)。

可以看出式中圆括号内为第 i 个分系统在工作时间 t_i 之前发生故障的概率(不可靠度)。设第 i 个分系统由 n_i 个元件组成,整个系统共用 $N = \sum_{i=1}^{k} n_i$ 个元件,并假设这些元件的可靠度相同,且很小(如小于 0.01 时),可采用以下分配原则:

$$R_i(t_i) = 1 - W_i \left(1 - e^{-\frac{t_i}{m_i}} \right) = R_S^{n_i/N} \tag{5.36}$$

解得

$$m_i = \frac{-t_i}{\ln \left[1 - \frac{1}{W_i} \left(1 - R_S^{n_i/N} \right) \right]} \tag{5.37}$$

即

$$R_i(t_i) = e^{-\frac{t_i}{m_i}} = 1 - (1 - R_S^{n_i/N})/W_i \tag{5.38}$$

由式(5.36)和式(5.38)可得近似式,如下:

$$m_i = \frac{N W_i t_i}{n_i (-\ln R_S)} \tag{5.39}$$

例 5.7　某设备由 5 个分系统串联而成,各分系统的数据如表 5.3 所列,若要求该设备工作 12 h 的可靠度为 0.923,试用代数法对各分系统进行可靠性分配。

表 5.3　例 5.7 设备的各分系统数据

分系统名称	元件数 n_i	工作时间 t_i/h	权重 W_i
发射机	102	12	1.0
接收机	91	12	1.0
控制设备	242	12	1.0
起飞自动装置	95	3	0.3
电源	40	12	1.0

解:

① 计算各分系统的平均寿命 m_i。

该设备公用的元件数为

$$N = \sum_{i=1}^{5} n_i = 102 + 91 + 242 + 95 + 40 = 570$$

将 $R_S = 0.923$,$N = 570$ 及表 5.3 中的各有关数据代入式(5.39)得各分系统的平均寿命为

$$m_1 = \frac{NW_1 t_1}{n_1(-\ln R_S)} = \frac{570 \times 1.0 \times 12}{102(-\ln 0.923)} = 837 \text{ h}$$

同理可求得: $m_2 = 938$ h, $m_3 = 353$ h, $m_4 = 67$ h, $m_5 = 2\,134$ h。

② 计算各分系统分配的可靠度。

将 R_S、N 及表 5.3 中的 n_i 代入式(5.36)中,可得该设备工作 12 h 的各分系统的分配可靠度为

$$R_1(12) = R_S^{n_i/N} = 0.923^{102/570} = 0.985\,8$$

同理可求得: $R_2(12) = 0.987\,3$, $R_3(12) = 0.966\,6$, $R_4(12) = 0.986\,7$, $R_5(12) = 0.994\,4$。

③ 检验分配结果。

因为此系统为 5 个分系统组成的串联系统,由式(4.2)可求得 $R_S(12)$ 为

$$R_S(12) = \prod_{i=1}^{5} R_i(12) = 0.985\,8 \times 0.987\,3 \times 0.966\,6 \times 0.986\,7 \times 0.994\,4 = 0.923\,06$$
$$\approx 0.923$$

5.5.2　可靠度再分配

在进行可靠度设计时,经常会遇到达不到设计总指标要求的情况,这就要进一步改进原设计以提高可靠度,也就是说,对各分系统的可靠性指标进行再分配。在进行可靠度再分配时,对可靠度较低的分系统(单元)进行改进,这样的效果更明显。因此,可靠度再分配是把原来可靠度较低的分系统的可靠度提高到某个满足要求的值,而对原来可靠度较高的分系统的可靠度保持不变。具体有以下几步:

① 将单元的可靠度从低到高依次排序,即

$$R_1 < R_2 < \cdots < R_k < R_{k+1} < \cdots < R_n \tag{5.40}$$

② 把可靠度较低的 $R_1 \sim R_k$ 都提高到 R_0，而原来的 $R_{k+1} \sim R_n$ 保持不变，则系统可靠度 R_S 为

$$R_S = R_0^k \prod_{i=k+1}^{n} R_i \tag{5.41}$$

同时，又要满足规定的系统可靠度指标的要求，即

$$R_S = R_S^* \tag{5.42}$$

式中：R_S^* —— 系统规定的可靠性指标，由前两式可得

$$R_S = R_S^* = R_0^k \prod_{i=k+1}^{n} R_i \tag{5.43}$$

③ 确定 k 及 R_0，确定哪些分系统的可靠度需要提高，提高到什么程度，可由不等式

$$\left(\frac{R_S^*}{\prod_{i=j+1}^{n+1} R_i} \right) > R_j \tag{5.44}$$

给出。令 k 为满足该不等式 j 中的最大值。k 值已知后即可求出 R_0，即

$$R_0 = \left(\frac{R_S^*}{\prod_{i=k+1}^{n+1} R_i} \right)^{1/k} \tag{5.45}$$

例 5.8 某系统由 4 个单元串联，总可靠度为 0.7，第一次分配的结果是 $R_1 = 0.95$，$R_2 = 0.94$，$R_3 = 0.88$，$R_4 = 0.85$。如果它们的费用函数相同，试用花费最小原则对各单元可靠度指标重新分配。

解：由于

$$R_S = R_1 R_2 R_3 R_4 = 0.95 \times 0.94 \times 0.88 \times 0.85 = 0.668 < 0.7（规定）$$

所以需要再分配处理。

对 4 个单元排序：

$$R_1^* = R_4 = 0.85, \quad R_2^* = R_3 = 0.88, \quad R_3^* = R_2 = 0.94, \quad R_4^* = R_1 = 0.95$$

求 j 的最大值：

当 $j=1$ 时，

$$R_{01} = \left(\frac{R_S}{\prod_{i=1+1}^{4+1} R_i} \right)^{1/1} = \left(\frac{0.7}{0.88 \times 0.94 \times 0.95 \times 1} \right)^1 = 0.929 > 0.85 = R_1$$

当 $j=2$ 时，

$$R_{02} = \left(\frac{R_S}{\prod_{i=2+1}^{4+1} R_i} \right)^{1/2} = \left(\frac{0.7}{0.94 \times 0.95 \times 1} \right)^{1/2} = 0.885\ 9 > 0.88 = R_2$$

当 $j=3$ 时，

$$R_{03} = \left(\frac{R_S}{\prod_{i=3+1}^{4+1} R_i} \right)^{1/3} = \left(\frac{0.7}{0.95 \times 1} \right)^{1/3} = 0.903\ 2 < 0.94 = R_3$$

故取 $k=2$，以上各式中 $R_5 = 1$，即

$$\left(\frac{R_S}{\prod\limits_{i=k_0+1}^{n+1} R_i}\right)^{1/k_0} = \left(\frac{0.7}{0.94 \times 0.95 \times 1}\right)^{1/2}$$

解得

$$R_0 = 0.885\,4$$

故

$$R_1 = 0.885\,4, \quad R_2 = 0.885\,4, \quad R_3 = 0.94, \quad R_4 = 0.95$$

分配后的可靠度 $R_S^0 = 0.700\,05$，$R_S^0 > R_S(R_S = 0.7)$，故满足要求。

5.5.3　并联冗余单元系统的可靠性分配

并联系统的可靠性分配比串联系统的可靠性分配要复杂得多。下面仅就两个简单方法进行介绍。

1. 冗余系统等分配法（见图 5.5）

因为

$$F_S = F_i^n$$

所以

$$F_i = \sqrt[n]{F_S}$$

式中：F_S——系统的故障概率；

F_i——并联单元的故障概率；

n——系统的并联单元数。

又因为

$$R_S = 1 - F_S$$
$$R_i = 1 - F_i$$

所以

$$R_i = 1 - \sqrt[n]{1 - R_S} \tag{5.46}$$

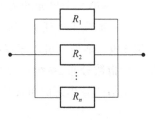

图 5.5　等分配冗余系统图

2. 经验比例分配法（见图 5.6）

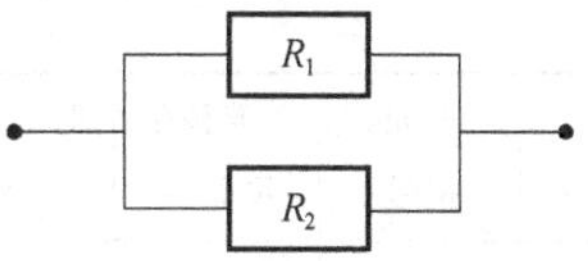

设 2 个单元的失效率分别为 λ_1 与 λ_2，系统失效率为 λ_S。

由

$$e^{-\lambda t} \approx 1 - \lambda t$$

故

$$F = \lambda t$$

又

$$F_S = F_1 F_2 = \lambda S_t = \lambda_1 t \lambda_2 t$$

则

$$\left.\begin{array}{l} \lambda_1 = \dfrac{\lambda_S}{\lambda_2 t} = \dfrac{\lambda_1 \lambda_S}{\lambda_2 \lambda_1 t} = \left(\dfrac{\lambda_1}{\lambda_2}\right)\dfrac{\lambda_S}{\lambda_1 t} \\[3mm] \lambda_1^2 = \dfrac{\lambda_1}{\lambda_2}\dfrac{\lambda_S}{t} \end{array}\right\} \tag{5.47}$$

图 5.6　二度冗余系统图

如已知

$$\frac{\lambda_1'}{\lambda_2'} = \frac{\lambda_1}{\lambda_2}$$

则

$$\lambda_1^2 = \frac{\lambda_1'}{\lambda_2'} \cdot \frac{\lambda_S}{t}$$

$$\lambda_1 = \sqrt{\frac{\lambda_1'}{\lambda_2'} \cdot \frac{\lambda_S}{t}}$$

同理，

$$\lambda_2 = \sqrt{\frac{\lambda_2'}{\lambda_1'} \cdot \frac{\lambda_S}{t}} \tag{5.48}$$

式中：λ_1'——第 1 个单元的失效率估计值；

λ_2'——第 2 个单元的失效率估计值；

t——系统工作任务时间。

例 5.9 某型飞机液压系统某条支路的可靠性框图如图 5.7 所示。已知系统与单元的失效分布为指数分布，系统可靠度为 $R_S = 0.85$，工作任务时间为 20 h，试将可靠度分配给各单元。已预估的各单元的可靠度见表 5.4 中的第 3 列。

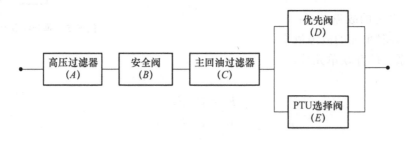

图 5.7 例 5.9 某型飞机液压系统某支路的可靠性框图

表 5.4 某型飞机液压系统某支路系统数据表

序 号	单元符号	单元预估可靠度	单元预估失效率	单元预估不可靠度	系统预估不可靠度	$F_i^*/F_{\check{s}}$	$F_i = (F_i^*/F_{\check{s}})F_S$	按要求 $R_S=0.85$ 分配的可靠度
1	A	0.95	0.002 56	0.050		0.156	0.023 4	0.976
2	B	0.92	0.004 17	0.080		0.250	0.037 5	0.962
3	C	0.93	0.003 60	0.070		0.219	0.032 9	0.967
4	D	0.70	0.017 80	0.300				
5	E	0.60	0.025 50	0.400			0.056 3	
6	DE	0.88	0.006 38	0.120	0.32	0.375	0.15	0.944

解： 首先考虑串联系统，认为并联部分的 D 与 E 为 DE 单元，计算数据见表 5.4。

由

$$R_S = R_A R_B R_C R_{DE}$$

以及

$$R_S = \mathrm{e}^{-\lambda_S t} \approx 1 - \lambda_S t, \quad F_S = \lambda_S t = \sum_{i=1}^{n} \lambda_i t, \quad R_S = 0.85$$

则

$$F_S = 0.15$$

系统的失效率为

$$\lambda_S = \frac{F_S}{t} = \frac{0.15}{20} = 0.0075$$

预估单元的失效率为

$$\lambda_A = \frac{\ln R_A}{-t} = \frac{\ln 0.95}{-20} = 0.00256, \quad \lambda_B = 0.00417, \quad \lambda_C = 0.00363, \quad \lambda_{DE} = 0.00640$$

由

$$F_S^* = F_A^* + F_B^* + F_C^* + F_{DE}^*$$

故

$$F_A = \frac{F_A^*}{F_S^*} F_S, \quad F_A = 0.0234, \quad F_B = 0.0375, \quad F_C = 0.0329, \quad F_{DE} = 0.0563$$

从而得

$$R_A = 0.976, \quad R_B = 0.962, \quad R_C = 0.967, \quad R_{DE} = 0.944$$

再对并联部分进行分配,可靠度为

$$R_{DE} = 0.994, \quad F_{DE} = 0.056$$

$$\lambda_{DE} = \frac{\ln R_{DE}}{-t} = \frac{0.056}{20} = 0.0028$$

由式(5.48)可知,

$$\lambda_D = \sqrt{\frac{\lambda_D}{\lambda_E} \frac{\lambda_{DE}}{t}} = \sqrt{\frac{0.0178}{0.0255} \times \frac{0.0028}{20}} = \sqrt{0.0001005} = 0.01003$$

$$\lambda_E = \sqrt{\frac{\lambda_E}{\lambda_D} \frac{\lambda_{DE}}{t}} = \sqrt{\frac{0.0255}{0.0178} \times \frac{0.00280}{20}} = \sqrt{0.000206} = 0.01436$$

故

$$R_D = \mathrm{e}^{-\lambda_D t} = \mathrm{e}^{-0.01003 \times 20} = \mathrm{e}^{-0.2006} = 0.818$$

$$R_E = \mathrm{e}^{-\lambda_E t} = \mathrm{e}^{-0.01436 \times 20} = \mathrm{e}^{-0.2872} = 0.750$$

经验算,

$$R_{DE}^* = 1 - (1 - R_D)(1 - R_E) = 1 - (1 - 0.818)(1 - 0.750) = 1 - 0.0455 = 0.954$$

$$R_{DE}^* > R_{DE} = 0.944$$

$$R_S^* = R_A^* \cdot R_B^* \cdot R_C^* \cdot R_{DE}^* = 0.976 \times 0.962 \times 0.967 \times 0.944 = 0.866 > R_S = 0.85$$

满足要求。

对于混联系统的可靠性分配,先对串联部分进行分配,然后再对并联部分进行分配,这样层次清楚,计算方便,适合工程应用。

课后复习题

1. 设某型飞机副翼操纵系统中的一个串联支路有寿命均为指数分布的配平电门(A)、配平作动筒(B)、感觉定中组件(C)、飞机控制计算机(D)四个单元组成,工作 1 000 h 时,它们的可靠度分别为:$R_A=0.96,R_B=0.92,R_C=0.98,R_D=0.94$。若系统工作 1 000 h 的可靠度要求为 0.90,问串联支路的可靠度指标能否满足系统要求? 如要满足系统要求,试问四个单元工作 1 000 h 的可靠度各为多少?

2. 设某型飞机座舱压力调节系统的一个串联支路由压力控制器(A)、释压电磁活门(B)、超压活门(C)、安全活门(D)四个单元组成,四个单元寿命均为指数分布。已知 $R_A(1\,000)=0.76,R_B(1\,000)=0.72,R_C(1\,000)=0.78,R_D(1\,000)=0.70$,试问这四个单元工作到 1 000 h 的可靠度各为多少?

3. 某航空电子设备由 5 种元器件组成,这 5 种元器件有关数据见表 5.5。该电子设备中任一元器件失效均导致电子设备失效,各元器件的失效分布均为指数分布,试预计该电子设备工作 50 h 的可靠度及 MTBF。

表 5.5　课后复习题 3:电子设备的元器件数据

种　类	A	B	C	D	E
数量 N_i	1	16	200	300	50
通用失效率/h^{-1}	100×10^{-6}	5×10^{-6}	20×10^{-6}	1.5×10^{-6}	1×10^{-6}
通用质量系数 Q	1	1	1	1	1

4. 某系统的可靠性框图如图 5.8 所示,图中某些单元的可靠度分别为:$R_A=0.9,R_B=R_C=0.8,R_F=0.7$,试用上、下限法预计该系统的可靠度(设 $m=2,n=3$)。

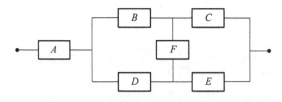

图 5.8　课后复习题 4:系统的可靠性框图

5. 某型飞机副翼操纵系统用 300 个元器件制成,据以往生产统计发现:其中 40 个元器件(A 组)单个失效将造成副翼操纵系统不能正常工作。若取 A、B、C 组元器件的重要度分别为 0.2,0.6,1.0,现要求用降低失效率的办法把整系统的 MTBF 提高到 10 000 h,试对这 3 组元器件的允许失效率(平均值)做出分配。

6. 某型飞机副翼操纵系统用 300 个元器件制成,据以往生产统计发现:其中 40 个元器件(A 组)单个失效将造成副翼操纵系统不能正常工作。若取 A、B、C 组元器件的重要度分别为 0.2,0.6,1.0,现要求用降低失效率的办法把整系统的 MTBF 提高到 10 000 h,试对这 3 组元器件的允许失效率(平均值)做出分配。

第6章 故障模式分析

系统故障分析就是对系统的故障进行分析排查,使用一些故障分析程序或方法进行定性和定量分析,然后采取一定的措施使系统正常运行。失效模式和影响分析(FMEA),失效模式、影响及危害性分析(FMECA),以及故障树(FTA)是系统可靠性分析方法,早在20世纪50年代初期就已应用于飞机操纵系统,它在分析系统可靠性方面具有很好的效果。

6.1 故障模式分析的基本概念

1. 故 障

故障是指产品执行规定功能能力的终止。"规定功能"是设计人员根据设计要求设计的产品所要达到的功能。

2. 失效模式

失效模式是指产品失效(或故障)的表现形式。同一种产品出现失效(或故障)可以有多种不同的表现形式,通用失效模式可分为4类,见表6.1。

表 6.1 通用失效模式

序 号	失效模式
1	运行中失效
2	在规定的时刻无法运行
3	在规定的时刻无法停止运行
4	提前运行

3. 失效影响

失效影响是指失效模式对产品运行、功能或状态导致的后果。例如,飞机座舱压力调节系统可能有"座舱压力调节器失效、排气活门能排气、动静压管正常工作""座舱压力调节器失效、排气活门能排气、动静压管破裂""座舱压力调节器失效、排期活门堵塞、动静压管破裂"等多种失效效应,最终导致飞机座舱压力调节系统故障。也就是说,一个或几个部件失效时对整个系统所产生的影响,同时也就是整个系统(或称整机)的失效事件。

4. 失效危害度

失效危害度是指失效影响严重程度与发生频度或其他属性的综合,是一种处理和减缓失效影响的必要性尺度。

5. 失效严酷度

失效严酷度是指失效模式对产品工作、环境和操作者影响的严重程度。失效模式影响严酷度的程度与故障分析所定义的系统边界有关。

6.2 故障模式分析程序

在分析产品故障时,一般是从产品故障的现象入手,通过故障现象(故障模式)找出原因和故障机理。对机械产品而言,故障模式的识别是进行故障分析的基础之一。实行故障模式分析的目的主要有:能容易、低成本地对产品或过程进行修改,从而减轻事后修改的危机;能避免或减少这些潜在失效发生的措施。

故障模式一般按发生故障时的现象来描述。由于受现场条件的限制,观察到或测量到的故障现象可能是系统的,如发动机不能起动;也可能是某一部件的,如传动箱有异常声响;也可能就是某一具体零件的,如履带板断裂、油管破裂等。实行故障模式分析的益处有以下几点:

① 指出设计上可靠性的弱点,提出对策;

② 针对要求规格、环境条件等,利用实验设计或模拟分析,对不适当的设计,实时加以改善,节省无谓的损失;

③ 有效的实施 FMEA,可缩短开发时间及开发费用;

④ FMEA 发展的初期,以设计技术为考虑,但在后来的发展中,除设计时间适用外,制造工程及检查工程亦可适用;

⑤ 改进产品的质量、可靠性与安全性。

故障模式可分为以下七大类:

① 损坏型:如断裂、变形过大、塑性变形、裂纹等。

② 退化型:如老化、腐蚀、磨损等。

③ 松脱性:松动、脱焊等。

④ 失调型:如间隙不当、行程不当、压力不当等。

⑤ 堵塞或渗漏型:如堵塞、漏油、漏气等。

⑥ 功能型:如性能不稳定、性能下降、功能不正常等。

⑦ 其他:润滑不良等。

故障模式分析程序主要分为以下几步:

1) 查看故障,判断故障性质

观察和分析故障事件的故障信息,例如故障的具体部位、各种痕迹(包括原始加工缺陷)、结构的完整性(变形、断裂、破碎等)、表面的完整性、各种性能的变化等;还要观察相关故障件上的有关故障信息以及所处的具体故障小环境。也就是说,把故障事件分解为各个部分或因素,然后分别加以考察。

由于故障分析的目的是采取措施、纠正故障,因此在进行故障分析时,需要在调查、了解产品发生故障现场所记录的系统或分系统故障模式的基础上通过分析、试验、逐步追查到组件、部件或零件级(如曲轴)的故障模式,并找出故障产生的机理。

2) 模拟试验、计算、分析、查看资料

依据故障对象的产品图纸(所含信息量较大)、制造工艺、技术条件、原材料复验单、质检记录等一系列技术资料,对故障对象进行详细有效的检测、计算、分析和试验验证。

3）确定故障原因

通过计算分析、检查生产档案、试验、查看资料等手段分析故障发生的原因和故障机理。一般从以下几方面着手：

① 故障自身的内因；

② 相关故障件的影响；

③ 所处的环境（主要是指力学环境、介质环境和温度环境等）；

④ 其他异常因素（如辐射、雷击、静电、漏电、误操作、人为破坏等）。

此外，还要分析产品产生故障的直接和间接原因。直接原因是指导致产品功能故障的产品自身的那些物理、化学或生物变化过程等，其又称为故障机理。间接原因是指由于其他产品的故障、环境因素和人为因素等引起的外部原因。例如飞机起落架上位锁打不开的直接原因有：锁体间隙不当、弹簧老化等；间接原因有：锁支架刚度差等。

4）初步判断故障模式

详细调查故障事件的使用履历以及维修方面的背景资料，把故障事件的各个部分或因素结合成为一个整体加以考虑，在此基础上可以初步判断肇事故障件的故障模式。

初步推断的故障模式，意味着引发故障发生的事件经历了这一模式所内含的基本故障过程及其相关的必要条件和影响因素，因此，有必要就这一故障模式范围内的过程规律和因果关系对故障信息进行加工整理，看其能否充分反映这一故障模式的宏观特征，还有什么疑点，还需要进一步获取哪方面的信息等。

5）复核初步判断的故障模式

通过以上几方面的工作，获得了大量故障信息，明确了故障部件，肯定了故障模式，也找到了有关故障的机理。在此基础上，必须进行综合性或系统性的分析、总结。

6）确定故障模式

逐一对初步判断所提出的故障模式进行确认，将最终的故障模式确定出来。

7）总结并提出改进措施

通过所有故障模式的分析和确定，对产品进行故障模式总结。通过故障模式的总结，对整个故障分析过程进行回顾和展望，从总体上审视故障分析的全过程，明确故障发生的原因，在此基础上提出改进措施，达到最终解决故障的目的。通过对故障的全面总结，从故障本身得到启示，获得宝贵的工程财富，用以指导相关产品的设计、研制、加工、维修和使用工作。

6.3　失效模式、影响及危害性分析程序

失效模式、影响及危害性（FMECA）分为两步，即失效模式和影响分析（FMEA）与危害性分析（CA），合起来称为失效模式、影响及危害性分析。

6.3.1　失效模式和影响分析

FMEA 可按功能分析，也可按硬件分析，也可把功能 FMEA 和硬件 FMEA 合并进行分析。在设计初期，硬件方案尚不具体时，复杂系统一般只能从最高一级结构开始按功能分析。系统中的每一个项目都有一定的功能，每一项功能都是一项输出。要逐一列出这些输出，分析

它们的失效模式。

FMEA 以列表方式记录详细的分析资料。2012 年我国发行的现行 FMEA 工作表样例见表 6.2。

表 6.2　现行 FMEA 工作表样例

最终产品： 工作周期：			相关产品： 版本：					指定人： 日期：			
产品 标记	产品功 能描述	失效 模式	失效模 式编码	可能失 效原因	局部 影响	最终 影响	探测 方法	补偿 措施	严酷度 等级	发生 概率	备注

1) FMEA 的基本程序

① 以设计文件为根据，从功能、环境条件、工作时间、失效定义等各方面全面确定设计对象（即系统）的定义；按递降的重要度分别考虑每一种工作状态（或称工作模式）。

② 针对每一种工作状态分别绘制系统功能框图和可靠性框图（系统可靠性模型）。

③ 确定每一部件与接口应有的工作参数或功能。

④ 查明一切部件与接口可能的失效模式、发生的原因与后果。

⑤ 按可能的最坏后果评定每一失效模式的严重性级别。

⑥ 确定每一失效模式的检测方法与补救措施或预防措施。

⑦ 提出修改设计或采取其他措施的建议，同时指出设计更改或其他措施对各方面的影响，例如对使用、维护、后勤保障等各方面的要求。

⑧ 写出分析报告，总结设计上无法改正的问题，并说明预防失效或控制失效危害性的必要措施。

2) FMEA 的要求

FMEA 是对系统进行分析，以识别潜在失效模式、失效原因及其对系统性能（包括组件、系统或过程的性能）影响的系统化程序。FMEA 分析的要求包括：分析的全面性；所使用方法要清楚、实用，并要经批准；及时性；便于追溯性；实用性；可重复性；应用 FMEA 的结果可提高系统有效性；资料要完整、准确并经核实。

3) 失效模式分析

在具体分析产品的失效模式时，要考虑一切可能存在的隐患。从以下诸方面可以分析出具体的失效模式：产品应力分析；动力学、结构与机构分析；试验失效、检验偏差、数据交换网的报警通知和类似产品的工作信息等；已进行过的安全分析报告。

一般可以在下列领域中整理典型的失效模式数据：

① 对新产品，可以参考具有相似功能或结构的其他产品，以及新产品在适当应力水平下的试验结果。

② 对新产品，由设计意图和详细功能分析给出潜在失效模式及其原因。该方法优先于①的方法，因为新产品的应力和运行可能与相似产品不同。比如，信号处理器在一个设计中的应

用与其在另一个相似设计中的应用是不同的。

③ 对现场使用的产品,可以参考使用记录和失效数据。

④ 潜在失效模式可以从产品工作的典型功能参数和物理参数中推断出来。

4) FMEA 的用途

FMEA 对于大系统的研制有特殊重要的意义,同时对于小系统以及零件设计也一样适用,不仅适用于硬件,也适用于软件。

在设计管理上 FMEA 的用途:

① 在建立系统可靠性时,要与 FMEA 相结合。FMEA 与产品和线路应力分析相结合,是可靠性预测、分配和评定时的一项原始资料。

② 在设计方案对比选择中,FMEA 是评定设计方案的一种手段。为了制定满足产品目的的要求,当最可靠的设计方案需要修改时,FMEA 是修改设计的依据。

③ 在设计评审、质量复查和事故预想等活动中,FMEA 是依据和证明,也是评审和复查的对象。

其他方面的用途:

① 在安排测试点、制造和质量控制、试验计划和其他有关工作中作为一种依据。

② FMEA 的主要作用在于预防失效,但它在试验、测试和使用中又是一种有效的故障诊断工具,为制定故障检测程序和设计内部诊断装置建立基础。

③ FMEA 与试验结果和产品失效报告一起对可靠性验证结果进行定性评定。

④ FMEA 是危害性分析之前的第一步,是进行可维修性分析、后勤保障分析及事故预想分析的原始资料。

6.3.2　危害性分析

在 FMEA 中加入符号"C"表示在失效模式分析中还进行危害性分析。确定危害性是对失效模式影响程度进行定性度量的补充。进行危害性分析的目的是确定每一种失效影响的相对大小,为决策提供帮助。可综合失效模式的严酷度和危害程度,确定减轻或消除特定失效影响所采取措施的优先顺序。

1. 定性分析

危害性的度量方法有定性分析和定量分析两种。定性分析按发生概率定级;定量分析应计算风险(R)、风险优先数(RPN),以及计算失效模式失效率、发生概率和危害度。它们最后的分析结果均以矩阵表示,以便确定减轻或消除特定失效影响所采取措施的优先顺序。

当缺乏失效率数据时采用定性分析,这时需要评定发生概率。一般将危害度分为五级,见表 6.3。

表 6.3　危害度等级

等　　级	发生可能性描述	发生概率 P_r
1 级(或 E 级)	几乎不可能	$0 \leqslant P_r < 0.001$
2 级(或 D 级)	可能性很小	$0.001 \leqslant P_r < 0.01$

等　级	发生可能性描述	发生概率 P_r
3级(或 C 级)	偶尔发生	$0.01 \leqslant P_r < 0.1$
4级(或 B 级)	很有可能发生	$0.1 \leqslant P_r < 0.2$
5级(或 A 级)	经常发生	大于 $P_r \geqslant 0.2$

2. 定量分析

定量确定危害性的一种方法是采用风险优先数。风险是主观上对影响严酷度的估计,以及这种影响在分析的预设时间段内发生的概率估计。

在 FMECA 中代表潜在风险 R 的通用关系式为

$$R = S \times P \tag{6.1}$$

式中：S——严酷度,为无量纲数,表示一种失效对系统或用户的影响严重程度有多大。

P——失效发生概率,为无量纲数,当 P 的值小于 0.2 时,可用定量 FMEA 方法中的危害度 C 替代。

一些 FMEA 或 FMECA 应用还对系统级的失效可探测度等级进行了区分。在这些应用中,增加另一个参数——可探测度 D(无量纲数),来构成风险优先数,其计算式为

$$RPN = S \times O \times D \tag{6.2}$$

式中：O——一种失效模式在预先确定或规定的时间段内发生的频度,采用等级值来表示比用真实的发生概率值表示更合适。

D——可探测度,即在系统或用户受影响前识别和消除失效的估计概率。D 值的排序原则通常与严酷度或发生概率的排序相反。D 值越高,可探测度越小。较低的可探测度将导致较高的 RPN,处理失效模式的优先级较高。

把失效模式按照它们的 RPN 值进行排序,RPN 值越高,优先级越高。在一些应用中,失效影响的 RPN 值超过规定阈值是不可接受的;而在另一些应用中,严酷度越高就越重要,而不考虑 RPN 值。

不同类型的 FMECA 对 S、O 和 D 定义了不同的取值范围,一般为 1~5。

3. 失效模式的失效率和危害度

1) 失效模式的失效率

如果能得到同类元部件的各种失效模式的失效率,并确定这些失效率的条件与分析系统时假定的环境和工作条件相似,那么失效影响的事件频率可以直接应用到 FMECA 中。如果只能得到元部件的失效率,而不是失效模式的失效率(这种情况发生的可能性更大),并且这些失效率是针对不同的环境和工作条件的,那么就需要计算各种失效模式的失效率,其一般计算式为

$$\lambda_i = \lambda_j \times \alpha_i \times \beta_i \tag{6.3}$$

式中：λ_i——失效模式 i 的失效率(假定为恒定的)估计值;

λ_j——元部件 j 的失效率;

α_i——失效模式频数比,即产品发生失效模式 i 的概率;

β_i——给定失效模式 i 的失效影响条件概率。

2) 失效模式的危害度

式(6.3)的主要缺陷是,假设失效率是恒定的,并且许多因素都只是预计或推测的,尤其是当系统的元部件没有相应的失效率时。例如,在机械部件和系统中,只能计算在特定的应用场合、持续时间以及相应应力下的失效概率。

当环境、负载和维护条件不同于得到失效率数据的条件时,采用修正因子加以解决。可从可靠性数据出版物中找到关于如何选择合适的修正因子方面的指导。

在一些应用中,例如危害性定量分析方法,采用失效模式危害度 C_i(与"危险程度"的含义不同)代替失效模式的失效率 λ_i。危害度将条件失效频度和工作时间结合在一起,可更真实地评定产品在预定的使用期内失效模式的风险。危害度计算公式为

$$C_i = \lambda_i \times t_j \tag{6.4}$$

即

$$C_i = \lambda_j \times \alpha_i \times \beta_i \times t_j \tag{6.5}$$

式中:t_j——在 FMEA 整个预定时间内用于估算概率的元件工作时间,即元件的有效工作时间。

因此,有 m 种失效模式的元器件危害度计算公式为

$$C_j = \sum_{i=1}^{m} \lambda_j \times \alpha_i \times \beta_i \times t_j \tag{6.6}$$

6.3.3　危害性矩阵

1. 危害性矩阵图

危害性矩阵是为了把每一种失效模式的危害度与其他失效模式作比较。矩阵是将产品项目或失效模式的标号按严酷度级别与失效模式的发生概率或危害度等级进行排列。所得的矩阵表明产品项目失效模式的危害度分布情况,从而使其成为确定补救措施优先顺序的工具,如图 6.1 所示,严酷度(横轴)等级随着危害度等级(纵轴)的增加而增加。

如图 6.1 所示,失效模式 1 发生的可能性比失效模式 2 更高,但失效模式 2 的严酷度却较高。确定何种失效模式为更高的优先级的依据是严酷度和发生概率等级的尺度及其排序。在线性尺度下(是危害性矩阵通常采用的),失效模式 1 比

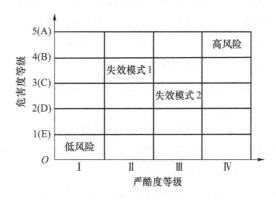

图 6.1　危害性矩阵

失效模式 2 有更高的危害度(或发生概率)。在严酷度比发生概率有更绝对的优先权的情况下,失效模式 2 是较为严重的失效模式。另一个明显的现象是,只有在同一个系统的约定层次中,各失效模式在危害度矩阵中进行比较分析才有意义。这是因为,在低复杂度系统中,较低层次失效模式往往也有较低的发生概率。

2. 危害性矩阵表

当要求的最终分析结果是一个危害性矩阵时,这一矩阵可用由严酷度和事件发生频率(危害度)构成的表格来表示。风险可接受度可定性定义,并受专业水平和财务决策影响,在不同的应用领域中也不同。表 6.4 列出了危害性矩阵表样例。

表 6.4   危害性矩阵表样例

危害度等级	严酷度等级			
	Ⅰ	Ⅱ	Ⅲ	Ⅳ
	轻微的	临界的	严重的	灾难性的
经常发生	不期望	不可接受	不可接受	不可接受
很有可能发生	可接受	不期望	不可接受	不可接受
偶尔发生	可接受	不期望	不期望	不可接受
可能性很小	可忽略	可接受	不期望	不期望
几乎不可能	可忽略	可忽略	可接受	可接受

例 6.1   对某型航空发动机进行 FMECA。

解:分析程序如下:

(1)根据系统定义,弄清与系统有关的全部情况

航空发动机作为飞机推力系统,必须了解组成该系统的各个部件的特性、功能及其之间的联系;还应了解发动机的工作方式、性能参数及参数允许的变化范围,各种工作方式的转换操作程序和控制;还要知道发动机系统与其他系统的相互关系以及外界条件。

(2)根据产品的功能方框图画出其可靠性框图

为了描述发动机系统各功能单元的工作情况、相互影响及相互依赖关系,以便逐级分析故障模式的影响,需建立功能框图和可靠性框图。

(3)根据所需要的结果和现有资料的多少来确定分析级别

由于航空发动机是由几万个零件组成的,结构复杂,每一个零件的故障都可能导致发动机系统的损坏,因此对整机、系统和部件都要认真做好 FMEA。

(4)根据要求列出所分析系统的故障模式清单,不要遗漏

考虑每一种可能出现的故障模式,包括与安全有关的故障模式、使功能下降的故障模式以及引起昂贵维修费的故障模式。故障模式的查找和假设可根据研制试验中出现的参数变化,相似发动机的故障信息,信息中心提供的外场使用信息,从各种专业角度出发预计可能出现的故障模式。航空发动机典型的故障模式见表 6.5。

表 6.5   航空发动机典型的故障模式

序　号	故障模式	序　号	故障模式	序　号	故障模式
1	空中停车	5	起动不成功	9	压力脉动
2	滑油色变	6	脱落	10	断裂、破裂
3	轴承疲劳	7	腐蚀	11	缺油
4	锈蚀	8	加力接不通	12	燃烧脉动

序　号	故障模式	序　号	故障模式	序　号	故障模式
13	裂纹	24	润滑不良	35	断齿
14	磨蚀	25	转速冷悬挂	36	划伤
15	自动降转	26	压坏	37	积炭
16	卡死	27	粘结	38	松脱
17	堵塞	28	外物损伤	39	腔温高
18	超转	29	转速差过大	40	脱扣
19	起动时间长	30	变形	41	焊缝开裂
20	叶冠搭接	31	冒烟	42	开胶
21	转速热悬挂	32	变色	43	喘振
22	起动超温	33	烧裂、烧伤	44	电压不稳
23	磨损、磨穿	34	转速差过低	45	渗漏油

（5）分析造成故障模式的原因

对每一个可能发生的潜在故障，应认真分析，确定将导致这一故障模式的原因，采取有效的预防措施，防止故障发生。

（6）分析各种故障模式可能导致分析对象自身的影响、对上一级的影响及整个系统的最终影响

故障影响是故障模式对分析对象的功能、使用或状态所造成的后果，对发动机来说，可分为下列 4 个方面。

1）对自身的影响分三类

① 丧失功能，如叶片断裂；

② 功能降低，如叶片磨损、掉块；

③ 稍有影响，如叶片划伤。

2）对系统的影响分四类

① 丧失功能，如叶片断裂，打穿机匣；

② 功能降低，如叶片磨损，损失增大；

③ 稍有影响，如叶片尖部尾缘掉块；

④ 无影响，如叶片轻微划伤。

3）对发动机的影响分四类

① 严重损坏发动机，功率完全丧失或严重丧失，不能继续使用，必须拆卸返厂大修，如轮盘破裂，打穿发动机；

② 较严重损坏发动机，功率严重或部分丧失，不能继续使用，必须拆卸，可在基地维修，如压气机一级叶片根部断裂打坏后几级叶片；

③ 轻度损坏发动机，功率部分丧失或不丧失，不能继续使用或限制使用，必须增加专项维修，如高压压气机末级工作叶片断裂；

④ 基本不损坏发动机，但必须增加非计划维修或提前维修，如低压涡轮叶片掉块。

4）对飞机的影响分四类

① 飞行中功率完全丧失，且不能立即恢复，严重危及飞行员安全（如一、二级飞行事故），

如轮盘破裂,打穿机匣,毁坏飞机机体;

② 飞行中功率严重丧失,不能立即恢复,可能导致飞机二等事故,但可以返航,如双发飞机发动机叶片断裂导致空中停车,靠另一台发动机工作;

③ 影响飞行任务,中断或取消飞行,误飞,提前返航,停飞,限制飞行区域和总体性能参数及降低飞行品质,增加起飞和着陆困难,如达不到起飞推力;

④ 基本无影响,增加非计划维修,如涡轮叶片叶尖磨损。

(7) 针对各种故障模式、原因和影响提出可能的预防措施

从设计、生产、使用管理各阶段采取具体的措施防止故障发生及消除或减轻故障影响的措施,主要包括采用已验证的设计结构、设计准则、选材方法、工艺过程、保障要求、质量控制、安全和保险装置、可替换的工作方式和冗余设计等。

(8) 确定各种故障影响的严酷度等级

每个故障模式和每一被分析的对象应进行严酷度等级划分。严酷度是故障模式所产生后果的严重程度,应考虑到故障造成的最坏的潜在后果,并应根据最终出现的人员伤亡、财产损伤或系统损坏的程度来确定。

① Ⅰ类(灾难的),这是一种会造成人员死亡或系统毁坏的故障;

② Ⅱ类(致命性的),这是一种导致人员严重受伤,系统性能严重降低或系统严重损坏,从而使任务失败的故障;

③ Ⅲ类(临界的),这类故障将使人员轻度受伤,系统性能轻度降低或系统轻度损坏,从而导致任务延误或任务降级;

④ Ⅳ类(轻度的),这是一种不足以导致上述三类后果的故障,但它需要进行非计划性维修。

(9) 确定最终故障模式的发生概率

在进行 FMECA 时,可根据故障模式的出现概率来评价故障模式。各个故障模式的出现概率可分成如下几级:

① A 级(经常发生),在发动机的工作时间发生故障的概率是很高的,即一种故障模式出现的概率大于总故障概率的 20%。

② B 级(很可能发生),在发动机的工作时间发生故障的概率为中等,即一种故障模式出现的概率为总故障概率的 10%~20%。

③ C 级(偶然发生),在发动机的工作时间发生故障是偶然的,即一种故障模式出现的概率为总故障概率的 1%~10%。

④ D 级(很少发生),在发动机的工作时间发生故障的概率是很小的,即一种故障模式出现的概率为总故障概率的 0.1%~1%。

⑤ E 级(极不可能发生),在发动机的工作时间发生故障的概率接近于零,即一种故障模式出现的概率小于总故障概率的 0.1%。

(10) 分析危害度

1) 危害度估计

在特定的严酷度等级下,那些故障模式中的某一故障模式所具有的危害性度量值为 C_{mj},对给定的严酷度等级和任务阶段,第 j 个故障模式的危害度 C_{mj} 可由下式计算:

$$C_{mj} = \beta_j \cdot \alpha_j \cdot \lambda_p \cdot t \tag{6.7}$$

式(6.7)中 β_j 值的大小是分析人员根据经验判断得到的,通常可按表 6.6 中的规定进行定量估计;α_j 是产品在故障模式 j 发生故障的频数比,即发生故障的百分比,如果列出发动机所有的故障模式(N 个),则这些故障模式所对应的各 $\alpha_j(j=1,2,\cdots,N)$ 的总和等于 1;t 为对应任务阶段的持续时间,通常它以工作小时或工作循环次数表示。产品的危害度 C_r 是该产品在这一严酷度等级下的各故障模式危害度 C_{mj} 的总和。C_r 可按下式计算:

$$C_r = \sum_{j=1}^{n} C_{mj} = \sum_{j=1}^{n} \beta_j \cdot \alpha_j \cdot \lambda_p \cdot t \tag{6.8}$$

表 6.6　故障影响及其相应的 β_j 值

故障影响	值
实际丧失功能	$\beta_j = 1$
很有可能丧失功能	$0.1 < \beta_j < 1$
有可能丧失功能	$0 < \beta_j < 0.1$
无影响	$\beta_j = 0$

2)危害性矩阵

如图 6.2 所示,假设有两种故障模式——涡轮轮盘破裂和滑油管接头漏油,分析得到的结论分别是:涡轮轮盘破裂故障的发生概率为 E 级(极不可能发生),严酷度类别为 Ⅰ 类,在危害性矩阵图上对应为 b 点;而滑油管接头漏油故障的发生概率为 A 级(经常发生),严酷度类别为 Ⅲ 类,在危害性矩阵图上对应为 a 点。将 a、b 两点作对角线的投影点 a'、b',由于 $Oa' > Ob'$,所以滑油管接头漏油故障的危害性大于涡轮轮盘破裂故障的危害性,在实施防止故障发生的措施时要优先考虑解决滑油管接头漏油故障,其次解决涡轮轮盘破裂故障。

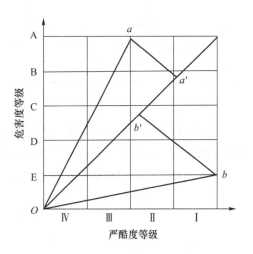

图 6.2　例 6.1 危害性矩阵图

(11)填写 FMEA 表格

航空发动机部分 FMEA 表见表 6.7。

表 6.7　航空发动机部分 FMEA 表

序　号	故障模式	可能失效的原因	局部影响	最终影响	探测方法	补救措施
01	IDG 漏油	缸筒体严重磨损,泵马达油管封严、胀圈、封圈严重磨损	会导致滑油量减少,从而导致 IDG 润滑不足引起过热现象	导致发动机损坏	分解检测	更换缸筒体和油管封严、胀圈、封圈

序 号	故障模式	可能失效的原因	局部影响	最终影响	探测方法	补救措施
02	滑油压力低	输入轴封严磨损严重。泵马达—可变斜盘严重磨损,缸筒体磨损,供回油泵不能自由转动,其内部的叶片磨损,碳轴承损坏	可能使发动机寿命下降	导致发动机损坏	分解检测	更换输入轴封严,更换可变斜盘,修理缸筒,更换磨损的叶片和损坏的碳轴承
03	IDG 频率不稳	缸筒体严重磨损,输入碳封严损坏	会使整体动力下降	引起 IDG 损坏	分解检测	更换输入碳封严、缸筒体
04	滑油消耗量大	碳封严密封面有破损;固定液压组件缸筒体柱塞孔和一个柱塞严重超差;供回油泵碳轴承磨损	会使滑油性能变坏,加速零件磨损	导致发动机功率下降	分解检测	更换碳封严、缸筒体、柱塞、供回油泵碳轴承、可用的转子平衡组件
05	油耗超标	碳封严损坏,固定液压组件缸筒体柱塞孔严重磨损,供回油泵运转有卡阻	漏油	发动机频率不稳定	分解检测	更换碳封严组件、叶片、缸筒体、转子平衡组件

(12) 写出分析报告

完成故障模式、影响及危害性分析以后,应完成 FMECA 的分析报告来反映 FMECA 的主要内容及结果。报告一般包括以下内容:分析目的、产品描述、引用的数据、分析方法、基本准则和假设、故障判据、分析的结论和建议、FMECA 表格、危害性矩阵。

课后复习题

1. 简述 FMEA 过程。
2. 简述 FMECA 的特点。
3. 对你自己所熟悉的一种航空产品或部件做 FMEA,写出系统的定义,画出系统功能框图和可靠性框图。

第7章　故障树分析

故障树(FTA)是以系统所不希望发生的一个事件(顶事件)作为分析的目标,通过逐层向下推溯所有可能的原因,且每层推溯其直接原因,从而找出系统内可能存在的元件失效、环境影响、人为失误以及程序处理等硬件和软件因素(各种底事件)与系统失效(顶事件)之间的逻辑关系,并用倒立树状图形表示出来。建立这样一棵故障树后,再定性分析各底事件对顶事件发生影响的组合方式和传播途径,识别可能的系统故障模式,以及定量计算这种影响的轻重程度,计算出致使系统失效的概率。

FTA 是一种系统化的演绎方法,它尽管比较烦琐,不如 FMECA 简单且容易推广,但是可以按部就班地演绎下去,很适合于编写程序由计算机完成。本章主要研究如何建立故障树以及基本的定性分析和定量分析等问题。

7.1　故障树的建造

近年来,FTA 技术在我国多个工程领域迅速发展,在航空航天、化工等领域的产品安全性和可靠性保障方面发挥了极大作用。

7.1.1　基本概念及符号

FTA 是一种基于逻辑因果关系的图形分析法,其基本元素是事件和逻辑门。事件用来表达系统和部件的故障状态,逻辑门将各种事件联系起来,表达存在于事件之间的逻辑关系。FTA 常用的符号有事件符号和逻辑符号,FTA 分析中常用的事件符号见表 7.1。

表 7.1　事件符号表

名　称	事件符号	含　义
顶事件/中间事件		顶事件是系统安全性和可靠性分析的目标;中间事件是导致顶事件发生的事件之一
底事件		它表示基本原因事件,即基本事件,是不能再往下分析的事件,故位于故障树的底部
省略事件/二次事件		它有两种意义:一种是表示省略事件,即没有必要详细分析或原因不明确的事件;另一种是表示二次事件,如由原始灾害引起的二次灾害,即来自系统之外的原因事件
正常事件		它表示正常事件,是系统正常状态下发生的事件,有的也称为激发事件

FTA 分析中常用的逻辑门符号及其含义见表 7.2。

表 7.2 逻辑门符号及其含义

名　称	符　号	含　义
与门		表示只有所有输入事件 B_1、B_2 都发生时,输出事件 A 才发生。换句话说,只要有一个输入事件不发生,输出事件就不发生。有若干个输入事件也是如此
或门		表示输入事件 B_1、B_2 中任一个事件发生时,输出事件 A 就会发生。换句话说,只有全部输入事件都不发生,输出事件才不发生。有若干个输入事件也是如此
条件与门		条件与门表示输入事件 B_1、B_2 不仅同时发生,而且还必须满足条件,才会有输出事件 A 发生,否则就不发生。a 是指输出事件 A 发生的条件,而不是事件
条件或门		条件或门表示输入事件 B_1、B_2 至少有一个发生,在满足条件的情况下,输出事件 A 才发生
限制门 1		限制门表示当输入事件满足某种给定条件时,直接引起输出事件,否则输出事件不发生,给定的条件写在椭圆形内
限制门 2		表示这个部分树由此转出,并在三角形内标出对应的数字,以表示向何处转移
转出符号		转入符号连接的地方是相应转出符号连接的部分树转入的地方。三角形内标出从何处转入,转出、转入符号内的数字一一对应

7.1.2　建立故障树的基本方法

实施 FTA 分析基本上可分为三个阶段,即编制故障树、进行定性分析和定量分析以及制定预防对策和改善措施。其中,建立故障树(简称建树)的方法又分人工建树和用计算机自动建树两种,这里主要研究人工建树。人工建树就是按照严格的演绎逻辑,从顶事件开始,向下逐级推溯事件的直接原因,直到找出所有底事件为止。所谓底事件,就是故障分布已知的随机故障事件,或不需要,或暂时不能再进一步查找其发生原因的事件。这样"打破砂锅问到底"都达到底事件,最后得到一棵故障树。在建树过程中应注意以下几方面问题。

1）正确选取顶事件

顶事件就是最不希望发生的故障状态。它可以根据我们最关心的问题来选取,但是下列几点需要共同遵守:

① 顶事件发生与否必须有明确定义;

② 顶事件必须能进一步分解,这样才能按顶事件发生的逻辑关系建立故障树;

③ 顶事件可以定量度量。

2）准确写出故障事件方框中的说明

在故障树的每个事件方框中均应说明故障是什么,它在何种条件下发生,如飞机因发动机故障不能飞行等。

3）正确划分每个事件方框中故障的类型

故障事件可分为部件故障状态和系统故障状态两种,其中,由部件本身故障引起的称为部件故障状态,由部件以外的故障引起的称为系统故障状态。

4）严格遵守循序渐进的原则

故障树应当逐级建立,逐级找出必要而充分的直接原因,在对下一级做任何考虑之前,必须先完成上一级,不要搞"跃进"。

5）严格禁止"门—门"短路

在建树时不许把逻辑门和其他逻辑门直接连起来,形成"门—门"短路。

6）建树方法指导方面应注意的几个问题

建树最忌错、漏,最要讲认真,而且从建树一开始就要这样做,步步留神,否则建起一棵大树以后再去检查何处错、漏是极其困难的。

作为建树方法指导,还应注意以下几点:

① 选择建树流程,一般以系统功能为主线来分析所有故障事件,按演绎逻辑贯穿始终。

② 处理好系统和部件的边界条件。所谓边界条件,就是对系统或部件的变动参数事先做合理的假定。有了边界条件就确定了故障树建到何处为止。

③ 故障事件定义要确切,尽量做到唯一解释。注意尽量用具体的描述代替比较抽象的描述,把事件划分为更基本的事件以找出确切的原因,指出确切的部件失效事件。

④ 各事件的逻辑关系和条件必须分析清楚,不许逻辑混乱或条件矛盾。

⑤ 建树过程中及建成后,还要注意合理地简化,避免陷入故障事件及其可能组合数目的汪洋大海而不能自拔。

例 7.1　某机型座舱压力控制系统原理图见图 7.1。空气经过供气活门输送进座舱,压力传感器将座舱空气压力的变化情况向座舱压力控制器传递,真空系统由真空系统气滤和真空调节活门组成,为系统的正常工作环节提供必要的真空源,多个信号传递给座舱压力控制器之后,再对它们进行调节,然后由排气活门和安全活门接收并执行。当外界压力比座舱压力大时,负释压膜片受到内外压差会向上运动,被控制膜片压住,负压释压活门打开,外界空气就会反向流入座舱进行调节。试绘制座舱压力控制系统失效的 FTA 图。

解: 绘制该座舱压力控制系统失效故障树,如图 7.2 所示。主要事件及其代码如表 7.3所列。

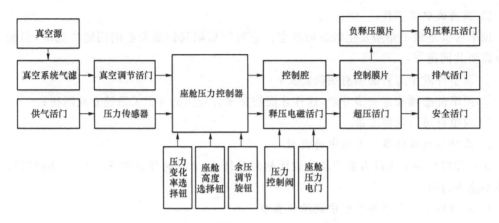

图 7.1　某机型座舱压力控制系统原理图

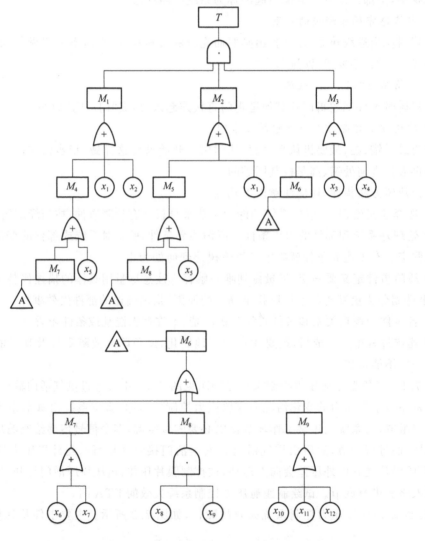

图 7.2　某机型座舱压力控制系统的失效故障树模型

表 7.3　主要事件及其代码

中间事件	代　码
负压释压活门故障	M_1
排气活门故障	M_2
安全活门故障	M_3
控制腔故障	M_4、M_5
座舱压力控制器故障	M_6
供气活门故障	M_7
真空系统故障	M_8
调节旋钮故障	M_9
控制膜片故障	x_1
负压释压膜片失效	x_2
释压电磁活门失效	x_3
超压活门卡滞	x_4
控制传动失效	x_5
活门卡滞	x_6
压力传感器失效	x_7
真空气滤失效	x_8
真空活门卡滞	x_9
余压调节旋钮故障	x_{10}
座舱高度选择钮故障	x_{11}
压力变化率选择钮故障	x_{12}

7.2　故障树的数学描述

7.2.1　故障树的结构函数

假设由一个独立事件构成故障树,且事件间的故障相互独立。设 $\Phi(X)$ 为故障树的结构函数,变量 x_i 表示故障树底事件的状态变量,$\Phi(X)$ 的取值为 0 和 1。这个假设与可靠性框图的假设刚好相反。可有:

$$\Phi(X)=\varphi(x_1,x_2,\cdots,x_i,\cdots,x_n) \tag{7.1}$$

$$\Phi(X)=\begin{cases}1, & \text{系统发生(顶事件失效)}\\0, & \text{系统不发生(顶事件正常)}\end{cases} \tag{7.2}$$

$$x_i=\begin{cases}1, & \text{零部件失效(顶事间 } i \text{ 发生)}\\0, & \text{零部件正常(底事件 } i \text{ 不发生)}\end{cases} \tag{7.3}$$

1. "与门"的结构函数

"与门"的结构函数为

$$\Phi(X)=x_1 \bigcap x_2 \bigcap \cdots \bigcap x_n=\bigcap_{i=1}^{n} x_n, \quad i=1,2,\cdots,n \tag{7.4}$$

当 x_i 只取 0,1 时,有

$$\Phi(X)=\prod_{i=1}^{n} x_i \tag{7.5}$$

式中:n——底事件的个数。

由式(7.5)可以看出,当底事件全部失效时,系统失效。当其中任意一个底事件不失效时,系统也不失效,即 $x_i=0,\Phi(X)=0$。而当 $x_1=1,x_2=2,\cdots,x_n=1$ 时,系统 $\Phi(X)=1$,即只有全部底事件都发生时,顶事件才能发生,相当于可靠性框图的并联系统,如图7.3(a)所示。

2. "或门"的结构函数

"或门"的结构函数为

$$\Phi(X)=x_1 \bigcup x_2 \bigcup \cdots \bigcup x_n=\bigcup_{i=1}^{n} x_n, \quad i=1,2,\cdots,n \tag{7.6}$$

当 x_i 只取 0 或 1 时,结构函数 $\Phi(X)$ 可表示为

$$\Phi(X)=1-\prod_{i=1}^{n}(1-x_i) \tag{7.7}$$

只要变量 x_i 有一个为 1,即底事件故障,系统就故障,$\Phi(X)=1$。只有当全部底事件均为 0 时,$\Phi(X)=0$,系统才不故障,相当于可靠性框图的串联系统,如图7.3(b)所示。

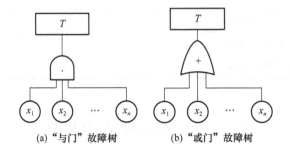

(a) "与门" 故障树 (b) "或门" 故障树

图7.3 "与门"和"或门"故障树

3. n 取 k 的"表决门"结构函数

n 取 k 的"表决门"结构函数如下:

$$\Phi(X)=\begin{cases} 1, & \text{当 } i \geqslant k_i=1,2,\cdots,n \\ 0, & \text{其他} \end{cases} \tag{7.8}$$

式中:k——使系统发生故障的最少底事件。

只要当故障的元件数量大于或等于 k 时,系统才会发生故障。该模型相当于表决系统 k/n 的模型,如图7.4所示。

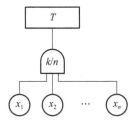

图 7.4　表决故障树

4. "与门"和"或门"混合的结构函数

如图 7.5 所示,"与门"和"或门"混合系统故障树的结构函数为

$$\Phi(X) = x_1 \bigcup (x_2 \bigcap x_3) \tag{7.9}$$

当 x_i 只取 0 或 1 时,结构函数 $\Phi(X)$ 可表示为

$$\Phi(X) = 1 - (1 - x_1)(1 - x_2 x_3) \tag{7.10}$$

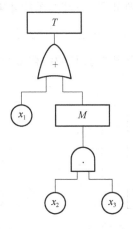

图 7.5　混合系统故障树

故障树混合门的结构函数可以分别用"与门""或门"表示。该表示方法相当于可靠性框图的串并联系统。

7.2.2　故障树与可靠性框图的等价关系

可靠性框图与故障树这两种方法都是对系统可靠性的客观描述,虽然它们从不同的角度出发,但二者之间存在着一定的内在关系。可靠性框图是从系统正常工作的角度出发分析系统的可靠性,而 FTA 是从系统故障的角度出发分析系统的可靠性,其结果具有一致性。

1. 可靠性串联系统

可靠性串联系统的结构函数为

$$T' = x_1' \bigcap x_2' \bigcap \cdots \bigcap x_n' \tag{7.11}$$

当串联系统中的每个元部件都正常工作时,系统才能正常工作。

由德·摩根定律式可知,

$$T = (T')' = (x_1' \bigcap x_2' \bigcap \cdots \bigcap x_n')' = x_1 \bigcup x_2 \bigcup \cdots \bigcup x_n \tag{7.12}$$

该结构函数正是故障树"或门"的结构函数,因而可靠性串联系统与故障树"或门"等价,如

图 7.6 所示。

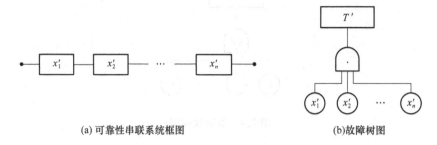

(a) 可靠性串联系统框图　　　　　　　　(b)故障树图

图 7.6　可靠性串联系统框图与故障树图

2. 可靠性并联系统

可靠性并联系统的结构函数为

$$T' = x_1' \cup x_2' \cup \cdots \cup x_n' \tag{7.13}$$

当并联系统中至少有一个元部件正常工作时,系统才能正常工作。

$$T = (T')' = \left(x_1' \cup x_2' \cup \cdots \cup x_n' \right)' = x_1 \cap x_2 \cap \cdots \cap x_n = \bigcap_{i=1}^{n} x_i \tag{7.14}$$

可靠性并联系统框图等价于故障树"与门"的结构函数,因而可靠性并联系统与故障树"与门"等价,如图 7.7 所示。

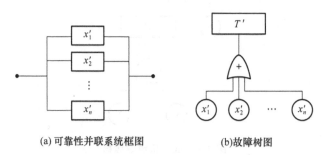

(a) 可靠性并联系统框图　　　　　　　(b)故障树图

图 7.7　可靠性并联系统框图与故障树图

7.3　故障树的定性分析

FTA 的定性分析就是定性地找出导致顶事件发生的所有可能的故障模式,即求出故障树的最小割集。根据已求出的最小割集,即使在基本故障事件的概率规律及原始数据不十分清楚的情况下,也能判定系统可靠性最薄弱的环节和比较不同系统(其故障树基本事件情况相似)的可靠性程度。当前工程实践中,FTA 的定性分析比其定量计算更具有实用性,特别是考虑到数据不全、不准,人为因素难以定量时尤其如此。

7.3.1　割集与最小割集,路集与最小路集

1. 割　集

割集是指故障树中一些底事件的集合,当这些底事件发生时,顶事件必然发生。

2. 最小割集

最小割集是指若将割集中所含的底事件任意去掉一个就不再是割集了。

例如：一个故障树底事件集合为 $\{x_1,\ x_1,\cdots,\ x_n\}$，如果有一个子集 $\{x_{i1},\ x_{i2},\cdots,x_{il}\}(l\leqslant n)$，当 $x_{i1}=x_{i2}=\cdots=x_{il}=1$ 时，$\Phi(X)=1$，则 $\{x_{i1},\ x_{i2},\cdots,x_{il}\}$ 是该故障树的一个割集。当 $\{x_{i1},\ x_{i2},\cdots,x_{il}\}$ 中去掉任意一个底事件，剩下状态变量同时取 1 时，$\Phi(X)\neq1$，则 $\{x_{i1},\ x_{i2},\cdots,x_{il}\}$ 是该故障树的一个最小割集。

3. 路　集

路集是指故障树中一些底事件的集合，当这些底事件不发生时，顶事件必然不会发生。

4. 最小路集

最小路集是指若将路集中所含的底事件任意去掉一个就不再是路集了。

7.3.2　用最小割集与最小路集表示故障树结构函数

设最小割集用 c 表示，则

$$c_j=\bigcap_{i\in c}x_i \tag{7.15}$$

式中：c_j——第 j 个最小割集；

x_i——第 j 个最小割集中第 i 个底事件。

故障树的结构函数为

$$\Phi(X)=U_{j=1}^n c_j=U_{j=1}^n\bigcap_{i\in c}x_i \tag{7.16}$$

式中：n——系统中最小割集数。

该结构函数表示，当故障树中有一个最小割集发生时，顶事件就发生了。

设最小路集用 p 表示，则

$$p_m=\bigcap_{i\in p}\overline{x_i} \tag{7.17}$$

式中：p_m——第 m 个最小路集；

$\overline{x_i}$——第 m 个最小路集中第 i 个底事件的补集。

设最小路集的补集用 $\overline{p_m}$ 表示，则

$$\overline{p_m}=\overline{\bigcap_{i\in p}\overline{x_i}}=\bigcup_{i\in p}x_i \tag{7.18}$$

式中：$\overline{p_m}$——第 m 个最小路集的补集；

x_i——第 m 个最小路集中的第 i 个底事件。

设 $\Phi(x)$ 为系统的结构函数，即

$$\Phi(x)=\bigcap_{m=1}^k\overline{p_m}=\bigcap_{m=1}^k\bigcup_{i\in p}x_i \tag{7.19}$$

式中：k——系统中最小路集数。

在结构函数中，当所有路集都不发生时，顶事件才不发生。

7.3.3　最小割集的求解

最小割集的计算方法有很多，常用的有下行法和上行法。

1. 下行法

由上面的分析可知，最小割集由底事件组成，故障树由最小割集组成。分析故障树，就要

分析最小割集,即由最小割集按照逻辑关系组成的故障树。"与门"直接增加割集的容量,"或门"直接增加割集的数目,这是一个基本性质,由此性质可以得出下面的分析方法。下行法是沿着故障树自上而下进行,即从顶事件开始,顺次将上排事件置换为下排事件。遇到"与门",将门的输入横向并列写出,遇到"或门"则将门的输入竖向串列写出,直到全部门都置换为底事件为止。这样得到的底事件的组合只是割集,还要用集合运算规则加以简化、吸收,才能得到全部最小割集。

2. 上行法

从故障树的最底层开始,利用与门和或门的逻辑运算法则,顺次向上,将中事件用底事件表示,直到顶事件为止,得到割集,再进行简化、吸收得到最小割集。

上行法与下行法所得结果相同,不过下行法步骤清晰不易出错,上行法看起来简单,但运算起来较复杂,因此下行法用得较多。

例 7. 2　如图 7. 8 所示的故障树,试求最小割集。

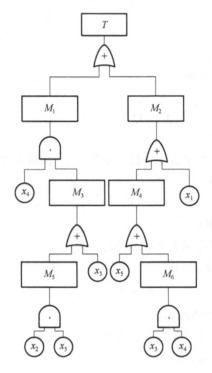

图 7. 8　例 7. 2 故障树

解:

① 由下行法求最小割集:

如图 7. 9 所示的置换路线图,T 遇"或门",置换为 M_1,M_2;M_1 置换为 x_4;M_2 置换为 x_1,M_4,以此类推。由所有割集再经简化、吸收得到最小割集,为 (x_1),(x_5) 与 $(x_3 x_4)$。

② 由上行法求最小割集:

$$M_6 = x_3 x_4, \quad M_5 = x_2 x_5, \quad M_3 = x_3 + M_5, \quad M_4 = x_5 + M_6$$

$$M_1 = x_4 (x_3 + M_5), \quad M_2 = x_1 + x_5 + M_6$$

$$M_1 = x_3 x_4 + x_4 x_5 x_2, \quad M_2 = x_1 + x_5 + x_3 x_4$$

$$T = M_1 + M_2 = x_3 x_4 + x_2 x_4 x_5 + x_1 + x_5 + x_3 x_4 = x_1 + x_5 + x_3 x_4$$

经简化、吸收得到最小割集,为 (x_1), (x_5) 与 $(x_3 x_4)$。该法与下行法所得结果相同。

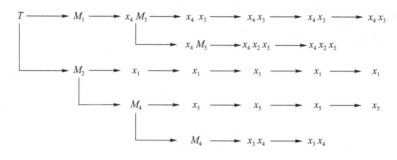

图 7.9　例 7.2 置换路线图

7.3.4　最小路集的求解

最小路集与最小割集都是描述故障树的一种集合。最小路集与最小割集相反,它是从成功的角度分析底事件的集合,它与最小割集有紧密的关系。求最小路集也可以仿照最小割集的求法进行分析,下面介绍几种求最小路集的方法。

1. 下行法

下行法也是沿故障树从顶事件开始,自上而下地进行,顺次将上排事件置换为下排事件,即遇到"与门",将门的输入竖向串列写出;遇到"或门",将门的输入横向并列写出,直到全部门都置换为底事件为止。这样得到的底事件集合为全部路集,再按集合运算规则加以简化、吸收,即可得到全部最小路集。

2. 上行法

用求最小割集同样的方法求最小路集,此时"或门"则为相乘,而"与门"则为相加。

例 7.3　如图 7.10 所示的故障树,试求最小割集。

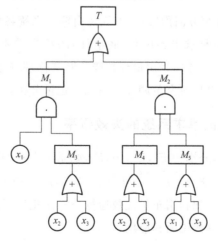

图 7.10　例 7.3 故障树

解:

① 由下行法求最小路集。

如图 7.11 所示的置换路线图，T 遇"或门"，置换为 $M_1 M_2$；M_1 下面为"与门"，置换为 $x_1 M_2$ 与 $M_3 M_2$，以此类推。通过简化与吸收，得到最小路集为 $x_1 x_2$ 与 $x_2 x_3$。

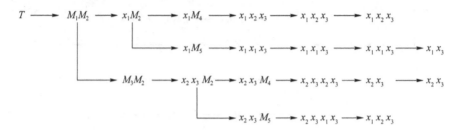

图 7.11 例 7.3 置换路线图

② 由上行法求最小路集：

$$M_3 = x_2 x_3, \quad M_4 = x_2 x_3, \quad M_5 = x_1 x_3$$

又

$$M_1 = x_1 + M_3 = x_1 + (x_2 x_3), \quad M_2 = M_4 + M_5 = (x_2 x_3 + x_1 x_3)$$

则

$$T = M_1 M_2 = [x_1 + (x_2 x_3)][(x_2 x_3) + (x_1 x_3)]$$
$$= x_1 x_2 x_3 + x_2 x_3 x_2 x_3 + x_1 x_1 x_3 + x_1 x_2 x_3 x_3$$
$$= x_1 x_2 x_3 + x_2 x_3 + x_1 x_3 + x_1 x_2 x_3$$
$$= x_2 x_3 + x_1 x_3$$

因此，最小路集为 $x_1 x_3$ 与 $x_2 x_3$。

7.4 故障树的定量分析与计算

FTA 的定量分析主要有两方面内容：一方面是由输入系统各单元（底事件）的失效概率求出系统的失效概率；另一方面是求出各单元（底事件）的结构重要度、概率重要度和关键重要度，最后根据关键重要度的大小排序找出最佳故障诊断和修理顺序，同时也可作为改善相对不太可靠的单元的依据。这里也只研究单调关联系统的定量分析。

7.4.1 由各单元的失效概率求系统的失效概率

设系统有 n 个最小割集，分别为 $E_1, E_2, \cdots, E_n$，则系统失效的顶事件 T 的概率 $P(T)$ 为

$$P(T) = P(E_1 E_2 \cdots E_n) = P(E_1 + E_1' E_2 + E_1' E_2' E_3 + \cdots + E_1' E_2' \cdots E_{n-1}' E_n) \quad (7.20)$$

将式（7.20）中不交型积之和利用布尔代数运算公式简化后，代入各单元的失效概率，即可求出系统的失效概率。下面举例说明其应用。

例 7.4 已知某系统由单元 1,2,3,4,5 组成，其最小割集为 {1,2}, {1,3}, {2,3}, {4,5},

设各单元的失效概率为 $q_1 = q_2 = q_3 = 1 \times 10^{-3}$，$q_4 = q_5 = 1 \times 10^{-4}$。求该系统的失效概率。

解：由式(7.20)得该系统的失效概率 $P(T)$ 为

$$P(T) = P(12 \quad 13 \quad 23 \quad 45)$$
$$= P[12 + (12)'13 + (12)'(13)'23 + (12)'(13)'(23)'45]$$
$$= P[12 + 2'13 + 1'1'23 + (1' + 12')(1' + 13')(2' + 23')45]$$
$$= P[12 + 2'13 + 1'23 + (1' + 12'3')(2' + 23')45]$$
$$= P[12 + 2'13 + 1'23 + (1'2' + 12'3' + 1'23')45]$$
$$= P[12 + 2'13 + 1'23 + 1'2'45 + 12'3'45 + 1'23'45]$$
$$= P(1)P(2) + P(2')P(1)P(3) + P(1)P(2)P(3) + P(1)P(2)P(4)P(5) +$$
$$\qquad P(1)P(2)P(3)P(4)P(5) + P(1)P(2)P(3)P(4)P(5)]$$
$$= q_1 q_2 + q_1(1 - q_2)q_3 + (1 - q_1)q_2 q_3 + (1 - q_1)(1 - q_2)q_4 q_5 + q_1(1 - q_2)(1 - q_3)q_4 q_5 +$$
$$\qquad (1 - q_1)q_2(1 - q_3)q_4 q_5$$
$$= 1 \times 10^{-3} \times 10^{-3} + 1 \times 10^{-3} \times (1 - 1 \times 10^{-3}) \times 1 \times 10^{-3} + (1 - 1 \times 10^{-3}) \times 1 \times 10^{-3} \times$$
$$1 \times 10^{-3} + (1 - 1 \times 10^{-3})(1 - 1 \times 10^{-3}) \times 1 \times 10^{-4} \times 1 \times 10^{-4} + 1 \times 10^{-3}(1 - 1 \times 10^{-3}) \times$$
$$(1 - 1 \times 10^{-3}) \times 1 \times 10^{-4} \times 1 \times 10^{-4} + (1 - 1 \times 10^{-3}) \times 1 \times 10^{-3} \quad (1 - 1 \times 10^{-3}) \times 1 \times$$
$$10^{-4} \times 1 \times 10^{-4}$$
$$= 3.008 \times 10^{-6}$$

7.4.2 单元重要度及其在设计中的应用

由于系统中各单元的可靠度及其位置状态不同，单元本身的失效功能各异，因此单元在系统中的影响是不一样的，一般将单元的变化对系统的贡献大小称为重要度。在设计中，如果根据单元重要度发现系统的薄弱环节进行改进，则对提高系统的可靠性具有重要意义。首先介绍临界状态与关键单元。

对于单调并联的故障树系统，如果 i 个单元状态从 0 变到 1，其他单元不变，则相应系统状态（顶事件）可能有 3 种情况，即

$$\Phi(0_i, x) = 0 \to \Phi(1_i, x) = 1$$
$$\Phi(0_i, x) = 0 \to \Phi(1_i, x) = 0$$
$$\Phi(0_i, x) = 1 \to \Phi(1_i, x) = 1$$

后一种状态减去前一种状态，则

$$\Phi(1_i, x) - \Phi(0_i, x) = 1$$
$$\Phi(1_i, x) - \Phi(0_i, x) = 0$$
$$\Phi(1_i, x) - \Phi(0_i, x) = 0$$

在上面 3 种状态中只有 $\Phi(1_i, x) - \Phi(0_i, x) = 1$ 必须考虑成立，因为另外两种状态的贡献为零。在这个状态中（认为其他状态不变），i 单元一旦失效，则系统失效，即认为本系统处于临界状态。使系统处于临界状态的单元称为关键单元。

图 7.12 中有 3 个单元，每一个单元都有 2 个状态（正常或故障），系统共有 $2^3 = 8$ 个状

态,即

$$\Phi(0,0,0)=0, \quad \Phi(0,1,0)=0, \quad \Phi(0,0,1)=0, \quad \Phi(1,0,1)=1$$

$$\Phi(1,0,0)=1, \quad \Phi(0,1,1)=0, \quad \Phi(1,1,0)=1, \quad \Phi(1,1,1)=1$$

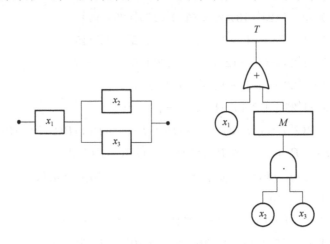

图 7.12 关键单元分析图

式中:3 个单元为 1,2,3。

单元为 0 代表失效,为 1 代表正常;而函数为 0 代表失效,为 1 代表正常。

若各单元使系统处于临界状态,则分别为

单元 1:$\Phi(0,0,0)$,$\Phi(0,0,1)$ 与 $\Phi(0,1,0)$;

单元 2:$\Phi(0,0,1)$;

单元 3:$\Phi(0,1,0)$。

此时,单元 1,2,3 分别为对应临界状态的关键单元。

1. 单元概率重要度

为了改进设计,降低顶事件发生的概率,就要降低每个单元故障概率对降低顶事件故障概率的影响。为反映单元故障概率变化对顶事件故障概率的贡献大小的关系,定义了单元概率重要度,即

$$I_{gi}(j)=\frac{\partial F_S(j)}{\partial F_i(j)} \tag{7.21}$$

式中:$I_{gi}(j)$——第 i 个单元的概率重要度;

$\quad F_S(j)$——系统的故障概率;

$\quad F_i(j)$——第 i 个单元的故障概率。

式(7.21)说明,第 i 个单元发生故障时引起系统故障概率变化,故第 i 个单元就是关键单元。

例 7.5 故障树如图 7.13 所示,已知 $\lambda_1=0.001\ h^{-1}$,$\lambda_2=0.002\ h^{-1}$,$\lambda_3=0.003\ h^{-1}$,$t=100\ h$,试求各单元概率的重要度。

解:最小割集的结构函数为

$$F_S(j) = 1 - (1 - F_1(j))(1 - F_2(j)F_3(j))$$
$$= F_1(j) + F_2(j)F_3(j) - F_1(j)F_2(j)F_3(j)$$

由式(7.21)可知,

$$I_{g1}(100) = \frac{\partial F_S(j)}{\partial F_1(j)} = 1 - F_2(100)F_3(100)$$
$$= 1 - (1 - e^{-0.2})(1 - e^{-0.3})$$
$$= 0.953$$

$$I_{g2}(100) = \frac{\partial F_S(j)}{\partial F_2(j)} = (1 - F_1(100))F_3(100) = 0.235$$

$$I_{g3}(100) = \frac{\partial F_S(j)}{\partial F_3(j)} = (1 - F_1(100))F_2(100) = 0.164$$

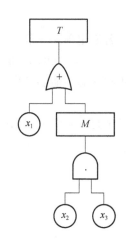

图 7.13 例 7.5 故障树

由以上计算可知,第一个单元最重要,改进设计应首先考虑第一个单元。

2. 单元结构重要度

单元结构重要度是反映单元在故障树结构中重要程度的量值,与该单元发生概率的大小无关,定义为

$$I_\Phi(j) = \frac{1}{2^{n-1}}n_j \tag{7.22}$$

式中:$I_\Phi(j)$——单元结构重要度;

n——系统中全部单元的个数;

n_j——第 j 个单元的临界状态数。该数越大,部件 j 导致系统失效的可能性越大。将 j 单元加入 2^{n-1} 个组合中,使之从非割集变成割集的组合总数。

在单调并联系统中有 n 个单元,当第 j 个单元的状态由 0 变到 1 时,其他单元的状态不变,只有 $\Phi(1_i,x) - \Phi(0_i,x) = 1$ 状态使结构函数值发生变化。若将单元 j 的状态固定(取 0 或 1),其余 $n-1$ 个单元可能的状态组合有 2^{n-1} 种,在这 2^{n-1} 种状态中,能够发生该状态的总次数为

$$n_j = \sum_{2^{n-1}}[\Phi(1_i,x) - \Phi(0_i,x)]$$

显然,n_j 是单元 j 的临界状态总数。

例 7.6 如图 7.13 所示,试求该图的单元结构重要度。

解:在 8 种状态中,若固定单元 1 取 0 状态,则其余两个单元使系统所处状态为

$$\Phi(0,0,0) = 0, \quad \Phi(0,1,0) = 0, \quad \Phi(0,0,1) = 0, \quad \Phi(0,1,1) = 0$$

这 4 种状态中能够发生第一种情况的次数总和为

$$n_j(1) = [\Phi(1,0,0) - \Phi(0,0,0)] + [\Phi(1,1,0) - \Phi(0,1,0)] +$$
$$[\Phi(1,0,1) - \Phi(0,0,1)] = 2$$

若固定单元 2 取 0 状态,则其余两个单元使系统所处的状态为

$$\Phi(0,0,0) = 0, \quad \Phi(0,0,1) = 0, \quad \Phi(1,0,1) = 1, \quad \Phi(1,0,0) = 1$$

这 4 种状态中能够发生第一种情况的次数为

$$n_j(2)=[\Phi(1,0,1)-\Phi(0,0,1)]=1$$

若固定单元 3 取 0 状态,则其余两个单元使系统所处的状态为

$$\Phi(0,0,0)=0, \quad \Phi(0,1,0)=0, \quad \Phi(1,0,0)=1, \quad \Phi(1,1,0)=1$$

这 4 种状态中能够发生第一种情况的次数为

$$n_j(3)=[\Phi(1,1,0)-\Phi(0,1,0)]=1$$

于是 3 个单元的结构重要度分别为

$$I_\Phi(1)=\frac{n_j(1)}{2^{n-1}}=\frac{2}{2^{3-1}}=\frac{2}{4}=0.5$$

$$I_\Phi(2)=\frac{n_j(2)}{2^{n-1}}=\frac{1}{2^{3-1}}=\frac{1}{4}=0.25$$

$$I_\Phi(3)=\frac{n_j(3)}{2^{n-1}}=\frac{1}{2^{3-1}}=\frac{1}{4}=0.25$$

可见,单元 1 在系统中所处的地位比单元 2、3 更加重要。

当系统的单元数目较大时,结构重要度的计算十分烦琐,通常借助于概率重要度来计算。

可以证明,当单元失效率 $Q_1=\frac{1}{2}$ 时,

$$I_\Phi(i)=I_{gi}\big|_{Q_i=\frac{1}{2}} \tag{7.23}$$

3. 单元相对概率重要度

单元相对概率重要度定义为

$$I_c(i)=\lim_{\Delta q_i \to 0}\frac{\Delta Q}{Q}\Big/\frac{\Delta q_i}{q_i} \tag{7.24}$$

式中:$I_c(i)$——第 i 个单元的相对概率重要度。

相对概率重要度反映了系统故障概率变化率的比值,它不仅可以反映该单元故障概率重要度的影响,而且还可以反映该单元故障概率改进的难易程度。

如果将公式改变一下,令

$$I_{gi}(i)=\lim\frac{\Delta Q}{\Delta q_i}$$

则

$$I_c(i)=\frac{q_i}{Q}I_{gi}(i) \tag{7.25}$$

式中:q_i——第 i 个单元的故障概率;

Q——系统的故障概率;

$I_{gi}(i)$——第 i 个单元的概率重要度。

例 7.7 如图 7.13 所示,求故障树的相对概率重要度,并与其他重要度进行比较。

解:求 $I_c(i)=\frac{q_i}{Q}I_{gi}(j)$,由

$$q_i=1-e^{-\lambda_i t}$$

$$q_1=1-e^{-\lambda_1 t}=1-e^{-0.001\times100}=1-e^{-0.1}=1-0.9048=0.09516$$

$$q_2=1-e^{-\lambda_2 t}=1-e^{-0.002\times100}=1-e^{-0.2}=1-0.8187=0.1813$$

$$q_3=1-e^{-\lambda_3 t}=1-e^{-0.003\times100}=1-e^{-0.3}=1-0.7408=0.2592$$

$$Q = 1-(1-q_1(j))(1-q_2(j)q_3(j)) = 1-(1-0.095\ 16)(1-0.181\ 3 \times 0.259\ 2)$$
$$= 1-0.904\ 8 \times (1-0.047) = 1-0.904\ 8 \times 0.953$$
$$= 1-0.862\ 3 = 0.137\ 7$$

故由式(7.25)可知,

$$I_c(1) = 0.095\ 16 \times \frac{1}{0.137\ 7} \times 0.953 = 0.095\ 16 \times 0.726\ 2 \times 0.953 = 0.658\ 6$$

$$I_c(2) = 0.181\ 3 \times \frac{1}{0.137\ 7} \times 0.235 = 0.181\ 3 \times 0.726\ 2 \times 0.235 = 0.309\ 4$$

$$I_c(3) = 0.259\ 2 \times \frac{1}{0.137\ 7} \times 0.164 = 0.259\ 2 \times 0.726\ 2 \times 0.164 = 0.308\ 7$$

为了比较方便,在表7.4中列出了各种重要度的计算结果。

表 7.4 各种重要度比较

单 元	概率重要度	结构重要度	相对概率重要度
1	0.953	0.75	0.658 6
2	0.235	0.25	0.309 4
3	0.164	0.25	0.308 7

课后复习题

1. 简述 FTA 的特点。
2. 某系统可靠性框图如图 7.14 所示。

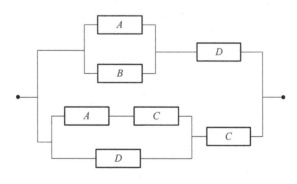

图 7.14 课后复习题 2:系统可靠性框图

(1) 画出相应的故障树。
(2) 用上行法求最小割集、最小路集,用下行法求最小割集、最小路集。
(3) 如果每个元件的可靠度均为 0.93(不可靠度均为 0.07),计算系统的可靠度。
(4) 求各基本事件的重要度。
3. 根据图 7.15 所示的故障树,求:
(1) 顶事件的逻辑表达式。
(2) 简化表达式之后重新画出故障树。

（3）设底事件的故障概率均为 0.15（正常概率均为 0.85），求顶事件的发生概率。

（4）求各基本事件的重要度。

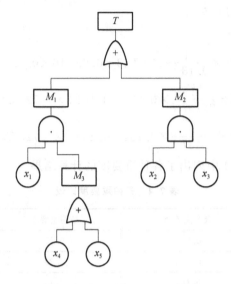

图 7.15　课后复习题 3：故障树

第8章 可靠性数据分析

8.1 可靠性数据分析基础

可靠性数据是指在产品可靠性工作及活动中所产生的描述产品可靠性水平及状况的各种信息和数据,可以是数据、图表、符号、文字和曲线等各种形式。可靠性数据分析就是通过收集反映系统或单元产品可靠性水平的各种数据,并依据系统的功能或可靠性结构,利用概率统计方法,给出系统的各种可靠性数量指标的定量估计。它是既包含数学和可靠性理论,又包含工程分析处理的方法。

1. 可靠性数据分析的目的

① 根据可靠性试验数据改进产品的设计、制造工艺,提高产品的固有可靠度,并为新技术的研究、新产品的研制提供信息。

② 根据现场使用提供的数据,改进产品的维修性,使产品结构合理、维修方便,提高产品的使用可用度。

③ 根据可靠性数据,预测系统的可靠性和维修性,开展系统的可靠性和维修性设计。

④ 根据可靠性数据,进行产品的可靠性分析及参数评估。

2. 可靠性数据分析的任务

可靠性数据分析贯穿于产品研制、试验、生产、使用和维修的整个过程。因此,可靠性数据分析在产品的不同阶段有不同的任务。

① 在研制设计阶段,可靠性数据分析用于对所开展的各项可靠性试验的试验结果进行评估,以验证试验的有效性。例如进行可靠性增长试验时,根据试验数据对参数进行评估,分析发生故障的原因,找出最薄弱的环节,提出改进方案,以使产品可靠性得到逐步增长。

② 在投入生产制造阶段前,根据可靠性试验结果,评估可靠性水平是否达到设计标准,为生产决策提供信息依据。

③ 在生产制造阶段,根据验收试验的数据评估可靠性,检验生产工艺水平是否保证产品符合所要求的可靠性水平。

④ 在投入使用的早期,注意使用现场可靠性数据的收集与分析,找出产品的早期故障及其主要原因,进行改进,加强可靠性筛选。

⑤ 在产品使用中定期对产品进行可靠性分析和评估,对可靠性低的产品及时进行改进,使之达到设计所要求的指标。

3. 可靠性数据分析的意义

随着可靠性、维修性工作的深入开展,可靠性数据分析工作越来越显示出其重要的价值。

① 在工程研制阶段收集和分析同类产品的可靠性数据,可对新设计的产品和零部件的可

靠性进行预测,这有利于方案的对比和选择,有利于可靠性设计。

② 在产品设计阶段,往往要进行各种可靠性试验,通过对这些试验数据的收集和分析为产品的改进和定型提供科学依据。

③ 在生产制造阶段,定期抽取样本进行试验,可以动态反映产品的设计和制造水平。

④ 在产品使用阶段,收集和分析产品的实际使用和维修数据,能够真实地反映产品的可靠性水平,对产品做出最权威的评价,并对老产品的改进和新产品的研发提供最为权威的信息。

8.1.1 可靠性数据分析的基本方法和流程

1. 可靠性数据分析的基本方法

1) 寿命分布分析与统计推断

从可靠性数据的统计分析中找出产品寿命分布的规律,是分析产品寿命和故障、预测故障发展、研究失效机理及制定维修策略的重要手段。根据收集的产品数据,使用数理统计方法得到产品的寿命分布,将其与故障发生的现象、原因进行对比,即可判断寿命分布的合理性。

确定了产品的寿命分布,就可根据数理统计的基本原理,对不同产品的可靠性数据进行估计,然后再由寿命分布和可靠性参数的关系,估计可靠性设计和分析中所需的各项参数。可靠性参数分析流程图如图 8.1 所示。

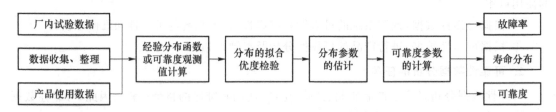

图 8.1 可靠性参数分析流程图

2) 贝叶斯分析方法

贝叶斯(Bayes)分析方法也是可靠性数据分析的一种常用方法。利用贝叶斯方法进行可靠性数据分析时,首先需要确定产品参数的先验分布,然后计算产品参数的后验分布和后验矩,并根据后验分布和后验矩,计算产品参数的先验矩,最后获得产品可靠度的后验分布和贝叶斯下限。由于贝叶斯方法利用了产品的先验信息,使该方法在某些特定情形下具有无法替代的优点,从而使该方法在可靠性数据分析中获得了持久的生命力。贝叶斯方法的关键是选取合理的先验分布。

3) 随机过程分析

随机过程分析是可修复系统的可靠性数据分析和可用性数据分析的重要手段。通常,使用马尔可夫过程或泊松过程作为描述可修复系统的数学模型,在此基础上发展了变母体的可靠性统计方法。

2. 可靠性数据分析的流程

可靠性数据分析的一般流程如图 8.2 所示。

① 明确产品可靠性要求,包括可靠性参数和指标。

② 确定产品的定义、组成、功能、任务剖面。

③ 建立产品各种任务剖面下的可靠性框图和模型。

④ 明确产品的故障判据和故障统计原则。

⑤ 按可靠性试验大纲要求和故障判据、故障统计原则进行试验数据的收集与整理。

⑥ 根据数据情况选取合适的可靠性数据分析方法,进行可靠性评估。

⑦ 对评估结果进行分析并得出相应的结论和建议。

⑧ 完成可靠性数据分析报告。

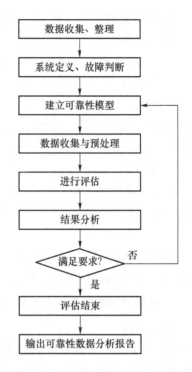

8.1.2　可靠性数据的收集

进行可靠性数据分析需要大量丰富翔实的数据。因此需要严格规范的可靠性数据收集渠道和程序,以保证收集到能够切实反映产品可靠性水平的基础数据,从而为可靠性数据分析提供可信的数据基础。

1. 可靠性数据的来源

图 8.2　可靠性数据分析的一般流程

可靠性数据主要来源于两方面:一方面是从实验室进行的可靠性试验中得到的试验数据;另一方面是在产品实际使用中得到的现场数据。

1) 试验数据

试验数据可以来自可靠性寿命试验或加速寿命试验,也可以来自功能试验、环境试验或综合试验等。可靠性试验主要以截尾试验为主,包括定数截尾试验和定时截尾试验。根据试验中样本失效后是否用新样本替换继续试验,还可以分为有替换试验和无替换试验两种。在试验中,如果参加试验的产品经常只有部分发生故障,则表现为部分观测数据;如果在试验中全部产品都发生故障,每个数据完全观测,则称其为完全寿命试验。完全寿命试验能够获得较完整的试验数据,统计分析结果也较为可信,但这种试验所需时间较长,有时甚至难以实现。

2) 现场数据

现场数据是在产品实际使用过程中观测到的寿命数据,它记录了产品从开始工作至故障的时间(故障时间)或者从开始工作至统计之时尚未故障的工作时间(无故障工作时间),是评估产品可靠性参数的重要数据。由于现场数据反映了产品在实际使用环境和维护条件下的情况,比实验室的模拟条件更能代表产品的表现,更能反映产品的可靠性特征,因此现场数据的收集是很重要的。然而,由于现场数据的收集困难多、投资大、时间也比较长,再加上使用地区、环境条件等方面的差异,致使现场数据的波动较大,因此现场数据的收集必须要有相应的组织管理工作,并且要根据不同情况和处理要求进行分析和处理。

2. 可靠性数据的特点

1) 时间性

可靠性数据多以时间来描述,产品的无故障时间反映了它的可靠性。这里的时间概念是广义的,包括周期、距离(里程)、次数等,如汽车的行驶里程、发动机循环次数等。

2) 随机性

产品发生故障的时间是随机的,因此描述其故障发生时间的变量也是随机的。

3) 有价性

有价性主要体现在两方面:一方面是数据的收集需要花费大量的财力和物力,所以它自身的获取就是有价的;另一方面是经过分析和处理后的可靠性数据,对可靠性工作的开展和指导具有很高的价值,其所创造的效益是可观的。

4) 时效性

可靠性数据的产生和利用与产品寿命周期各阶段有密切的关系,各阶段产生的数据反映了该阶段产品的可靠性水平,因此数据具有较强的时效性。

5) 可追溯性

随着时间的推移,可靠性数据反映了产品可靠性发展的趋势和过程,如经过改进的产品其可靠性得到了增长,当前的数据与过去的数据有关,所以数据本身还具有可追溯性的特点。

3. 可靠性数据收集的基本要求

1) 真实性

数据的真实性是准确性的前提,无论是在实验室还是使用现场,所记录的数据必须能够如实地描述产品状况。但是,由于技术水平及其他条件的限制,对故障的真实记录并不等于准确记录,它还有待于进一步地分析与判断。

2) 连续性

可靠性数据有可追溯的特点,它反映了产品可靠性的趋势,因此要求数据的记录必须连续。最主要的是产品在工作过程中的事件记录和对所经历过程的描述,如产品开始工作、发生故障中止工作的时间及对其中发生故障的状况、返厂修理、纠正或报废等情况的描述。

3) 完整性

为了对产品的可靠性进行全面分析,要求所记录的数据应尽可能完整,即对每一次故障或维修事件的发生都应尽可能地记录清楚和完整。

以上对数据的要求只有在信息管理体系下对数据进行严格的管理,事先确定好数据收集点,有专人负责对数据的记录,有完善的数据收集系统才能做到。因为涉及的数据收集点不止一处,一个产品的经历,只有它所到之处都给予记录和收集,才有可能保证满足这些要求。另外,要做到这些,对人员素质是有要求的,责任心必须强,对待工作要认真、仔细。可见,对数据的质和量的要求,无疑需要完善的信息管理体系来保证。

4. 可靠性数据收集的流程

1) 进行需求分析

在进行数据收集之前,必须进行需求分析,以明确数据收集的内容及目的。由于在产品不同的寿命阶段,对数据的需求是不同的,因此所收集的数据必须要与这些要求相对应。

2) 确定数据收集点

在产品不同的寿命阶段,其数据采集点也不同。对于内厂试验数据,其数据采集点应选在实验室、产品生产检验点、元器件及材料筛选试验点;对于现场数据,其数据采集点可以选在使用部门的质控室和维修部门等。在选择重点地区或部门时,以有一定的代表性为好,如使用的产品尺寸较大、管理较好、使用中代表了典型的环境与使用条件等。

3）制定数据收集表格

为得到切实可用的可靠性数据,同时减少工作人员记录整理的工作量,并便于同行业、同部门内的流通,应根据需求制定统一、规范化的数据收集表格,定期统计整理。

4）数据收集的方法

在建立完善的数据收集系统以后,数据可依其传送途径,按正常流通渠道进行收集,当数据收集系统运行尚不完善时,可用以下两种方式进行收集:一种是在使用现场聘请信息员,让其按所要求收集的内容,逐项填表,定期反馈;另一种方式是信息系统派专人到现场收集,按预先制定好的计划进行。

5. 可靠性数据收集的注意事项

① 相同产品的工作条件差异性较大,因而数据收集时应区分不同条件和地区。例如,对腐蚀而言,南北方差异很大,空中和海上差异很大。

② 在收集现场数据时,一般是记录产品的全寿命周期活动。但是,由于可靠性问题,可能需要进行修改,尤其是在设备投入使用的初期。因此,为了评估产品当前的可靠性,在处理数据时应注意区分,不能将改进前后的数据混同处理。

③ 在现场数据的收集中,由于各种因素的影响,数据丢失现象严重,造成数据不完整和不连续,因此在收集数据时,应对这些情况进行了解,以便对分析结果进行修正或作为对评估方法进行研究时的依据。

④ 现场数据的收集者,不像实验室数据的收集者那样能够很好地理解收集、分析计划,在很多情况下,是由很多不同水平的人担任收集工作的,其中有的人几乎没有什么可靠性知识,因此可能会造成数据收集中的人为差错。对于这种情况,首先数据收集必须有计划地进行,必须就记录纸的设计、记录方法等做相当详细的准备。另外,需要对收集数据的人员进行培训,加强责任心教育。

⑤ 数据的质和量对数据分析的结果影响很大。从统计的观点来看,处理的数据量应尽可能大一些,因而在费用允许的条件下,获取更多的数据是数据收集的基本要求。收集多少数据为好还应该权衡考虑所需费用,以便规定一个适当的水平,然后再用各种方法去收集。

⑥ 可靠性数据的收集需要消耗大量的时间和人力,最为重要的是要得到领导层的支持,还需要完善的规划和充分的实施计划。

⑦ 一般来说,不可能所有的产品都会在使用中发生故障,故障和维修数据只记录了那些有故障的产品。因此,未发生失效的那些产品也应全部记录在册,以保证可靠性分析的准确性。

8.1.3　可靠性数据的初步整理分析

获得可靠性数据之后,需要对可靠性数据进行初步的整理分析,舍弃"可疑数据",探索数据的模式和特点,并用排列图、因果图、直方图等简单直观的方式显示和分析,帮助数据分析人员选择数据的类型与适用的可靠性模型等,从而为正式的可靠性数据分析提供基础,指明方向。以下将主要介绍数据分析的直方图。

直方图又称质量分布图、柱状图,是用来整理数据,找出其规律性的一种常用方法。通过作直方图,可以求出一批数据(一个样本)的样本均值及样本标准差,更重要的是,根据直方图的形状可以初步判断该批数据(样本)的总体属于哪类常见分布。绘制直方图法的具体步骤如下:

① 在收集到的一批数据 $x_1, x_2, \cdots, x_n$ 中找到最大值 L_a 和最小值 S_m,即 $L_a = \max\{x_1, x_2, \cdots, x_n\}$,$S_m = \min\{x_1, x_2, \cdots, x_n\}$。

② 将数据分组。分组的组数并没有统一规定,但太多太少皆会使直方图失真。分组数 k 一般由经验公式确定,即

$$k = 1 + 3.31 \lg n \tag{8.1}$$

③ 计算组距 Δt,即组与组之间的间隔为

$$\Delta t = \frac{L_a - S_m}{k} \tag{8.2}$$

实际使用中,应对 Δt 适当修约,便于绘图。

④ 确定组界,即确定各组上限值和下限值。为了避免数据落在分点上,一般将分点值取的比该批数据多一位小数;或将分点值取成等于下限值和小于上限值,即按左闭右开区域来分配数据。

⑤ 确定组中值:

$$t_i = \frac{\text{某组下限值} + \text{某组上限值}}{2} \tag{8.3}$$

⑥ 统计落入各组的频数 Δr_i 和频数 w_i:

$$w_i = \frac{\Delta r_i}{n} \tag{8.4}$$

⑦ 计算样本均值 $\bar{t}$:

$$\bar{t} = \frac{1}{n} \sum_{i=1}^{k} \Delta r_i \cdot t_i = \sum_{i=1}^{k} w_i t_i \tag{8.5}$$

⑧ 计算样本标准差 s:

$$s = \sqrt{\frac{1}{n-1} \sum_{i=1}^{k} \Delta r_i (t_i - \bar{t})^2} \tag{8.6}$$

⑨ 绘制直方图:

(a) 失效频数直方图。

以失效时间为横坐标、各组的失效频数为纵坐标,作失效频数直方图。

(b) 失效频率直方图。

将各组频率除以组距 Δt,取 $\frac{w_i}{\Delta t}$ 为纵坐标,失效时间为横坐标,作失效频率分布图。

在各组组距相同时(在实际处理数据时,组距也可以取不等),产品的失效频数直方图的形状和失效频率直方图的形状是相同的,但应注意它们的纵坐标不同。

(c) 累积失效频率分布图。

第 i 组的累积频率为

$$F_i = \sum_{j=1}^{i} w_j = \sum_{j=1}^{i} \frac{\Delta r_j}{n} = \frac{r_i}{n} \qquad (8.7)$$

式中：r_i——至第 i 组结束时的累积频数，其中 $r_i = \sum_{j=1}^{i} \Delta r_j$。

以累积频率为纵坐标，失效时间为横坐标，作累积失效频率分布图。当样本量逐渐增大到无穷时，组距 $\Delta t \rightarrow 0$，那么各直方图中点的连线将趋近于一条光滑曲线，即累积失效分布曲线。

由上述直方图的形状可以初步判断数据分布的类型。

(d) 产品平均失效率曲线。

为初步判断产品的失效分布，也可以作产品的平均失效率随时间变化的曲线。平均失效率 $\bar{\lambda}(\Delta t_i)$（也表示为 $\bar{\lambda}(t_{i-1}, t_i)$）表示在 Δt 时间区间内产品的平均失效率，即

$$\bar{\lambda}(\Delta t_i) = \frac{\Delta r_i}{n_{s,i-1} \Delta t_i} \qquad (8.8)$$

式中：Δr_i——在 Δt_i 时间区间内的失效频数，也可以表示为 $\Delta r_i(t_i)$；

$n_{s,i-1}$——进入第 i 个时间区间（第 i 组）时的受试样品数，也可以表示为 $n_s(t_{i-1})$（至 t_{i-1} 时刻为止继续受试的样品数），即 $n_{s,i-1} = n - r_{i-1}$，而 r_{i-1} 指进入第 i 个时间区间时的累积失效数，也可以表示为 $r_{(t_{i-1})}$。

8.2 指数分布的统计推断

8.2.1 指数分布的拟合优度检验

当产品寿命服从指数分布时，其失效率 $\lambda(t)$ 是一个常数。因此，检验产品的寿命是否服从指数分布，只要检验 $\lambda(t)$ 是不是常数即可。其检验的原假设为 H_0：$\lambda(t)=$ 常数，而备择假设为 H_1：$\lambda(t) \neq$ 常数，或为非降函数，或为非增函数。

如果通过检验，接受 H_0：$\lambda(t)=\lambda$（常数），那么具有常数失效率的寿命服从指数分布；如果 H_0 被否定，那么其寿命不服从指数分布。下面介绍检验 H_0 的两种方法，这两种检验方法对寿命试验的要求相同。从被判断的某批产品中，随机抽取 n 件产品（n 不要太小），同时投入进行定数截尾试验，可以是有替换的，也可以是无替换的。若 r 次失效，则其失效时间依次为 $t_{(1)} \leqslant t_{(2)} \leqslant \cdots \leqslant t_{(r)}$，记

$$Y_i = \begin{cases} (n-i+1)(t_{(i)} - t_{(i-1)}), & \text{无替换的} \\ n(t_{(i)} - t_{(i-1)}), & \text{有替换的} \end{cases} \qquad (8.9)$$

其中，$t_{(0)}=0$。如果 H_0：$\lambda(t)=\lambda$ 成立，则

$$2\lambda Y_i \sim \chi^2(2), \quad i=1,2,\cdots,r \qquad (8.10)$$

指数分布的拟合优度检验方法主要有 F 检验法和 χ^2 检验法，以下内容主要讲解 χ^2 检验法。

对指数分布类型的判断，国际电工委员会制定的设备可靠性试验标准草案（IEC-605-6）推荐使用 χ^2 检验法。

1）定数截尾寿命试验的情形

令

$$T(t_{(j)}) = \sum_{j=1}^{i} Y_j = \begin{cases} \sum_{j=1}^{i-1} t_{(j)} + (n-i+1)t_{(i)}, & \text{无替换的} \\ nt_{(i)}, & \text{有替换的} \end{cases} \tag{8.11}$$

其中，$Y_j(j=1,2,\cdots,r)$ 由式（8.9）给出；$T(t_{(j)})$ 指在失效时刻前的累积总试验时间。

如果原假设 H_0：$\lambda(t) = \lambda$（常数）成立，那么检验函数为

$$Q = -2\sum_{i=1}^{r-1} \ln\left[\frac{T(t_{(i)})}{T(t_{(r)})}\right] \sim \chi^2(2r-2) \tag{8.12}$$

如果显著性水平为 α，即

$$Q \geqslant \chi^2_{1-\alpha}(2r-2) \tag{8.13}$$

则拒绝 H_0 的假设，即寿命分布不是指数类型；否则，不拒绝 H_0。

2）预先确定总累积试验时间的情形

有时，在进行寿命试验（包括有替换的或无替换的）时，达到了预先确定的总累积试验时间 T^* 后就停止寿命试验。如果在达到总试验时间 T^* 之前已有 r 次失效，则此时 r 是随机数。将 $t_{(i)}$ 记作从寿命试验开始起（$t=0$）到发生第 i 次失效的时间。

如果原假设 H_0：$\lambda(t) = \lambda$（常数）成立，则检验函数为

$$Q = -2\sum_{i=1}^{r} \ln\left[\frac{T(t_{(i)})}{T^*}\right] \sim \chi^2(2r) \tag{8.14}$$

其中，$T(t_{(i)})$ 由式（8.11）定义，如果显著性水平为 α，即

$$Q \geqslant \chi^2_{1-\alpha}(2r) \tag{8.15}$$

则拒绝 H_0 的假设，即寿命分布不是指数类型；否则，不拒绝 H_0。

例 8.1 为了判断某批产品的寿命分布是否符合指数分布类型，从中随机抽取 30 件产品作为试样，进行无替换的寿命试验，预定在总累积试验时间达到 $T^* = 9\,000$ h 时停止。在完成 T^* 时间之前已有 20 件试样失效，其失效时间（单位：h）分别为 13,23,44,75,81,83,122,164,166,182,218,247,289,334,361,373,377,426,447,450。若 $\alpha = 0.05$，试用 χ^2 检验法进行判断。

解： $n=30, r=20, T^* = 9\,000$ h，按式（8.11）计算：

$$T(13) = 30 \times 13 = 390$$
$$T(23) = 13 + 29 \times 23 = 680$$
$$\vdots$$
$$T(450) = 13 + \cdots + 447 + 11 \times 450 = 8\,975$$

由式（8.14）计算：

$$Q = -2(\ln 390 + \ln 680 + \cdots + \ln 8\,975 - 20\ln 9\,000) = -2(165.149\,4 - 182.099\,6)$$
$$= 33.900\,4$$

可通过查 χ^2 分布表得 $\chi^2_{0.95}(40) = 55.76$，因此得到 $Q = 33.900\,4 < 55.76$，不满足式（8.15），因此不拒绝 H_0，即可认为是指数分布类型。

8.2.2　指数分布的单元可靠度评估

当失效的寿命数据为指数分布时,失效概率密度函数为

$$f_E(t,\lambda)=\lambda e^{-\lambda t}, \quad 0<\lambda<\infty, \quad 0\leqslant t\leqslant\infty \tag{8.16}$$

$$f_E(t,\theta)=\frac{1}{\theta}e^{-\frac{t}{\theta}}, \quad 0<\theta<\infty, \quad 0\leqslant t<\infty \tag{8.17}$$

失效分布函数为

$$f_E(t,\lambda)=1-e^{-\lambda t}, \quad 0<\lambda<\infty, \quad 0\leqslant t<\infty \tag{8.18}$$

$$f_E(t,\theta)=1-e^{\frac{t}{\theta}}, \quad 0<\theta<\infty, \quad 0\leqslant t<\infty \tag{8.19}$$

式中:λ——失效率;

θ——平均寿命。

寿命试验数据可以分成完全寿命试验数据与截尾寿命试验数据,因此对于不同的试验方式有不同的计算公式。

1. 完全寿命试验数据的可靠性评估

完全寿命试验数据是对抽样的产品全部试验直至失效的数据,通常适用于电子设备。

设某电子产品的寿命 T 是服从指数分布的随机变量,其失效率为 λ,平均寿命 $\theta=\dfrac{1}{\lambda}$,试验测得 n 个寿命数据 $t_1,t_2,\cdots,t_n$,据此估计此产品的平均寿命。

$t_1,t_2,\cdots,t_n$ 的似然函数为

$$L(\lambda) = \prod_{i=1}^{n} f(t_i)\Delta t = \lambda^n e^{-\lambda\sum_{i=1}^{n} t_i}(\Delta t)^n \tag{8.20}$$

若式(8.20)存在 $\hat{\lambda}$ 使得此概率取得极大值,则此时 $\hat{\lambda}$ 称为 λ 的最大似然估计。

可靠度点估计根据极大似然法有

$$\frac{\mathrm{d}\ln L(\lambda)}{\mathrm{d}\lambda} = \frac{n}{\lambda} - \sum_{i=1}^{n} t_i = 0$$

解得

$$\hat{\lambda} = \frac{n}{\sum_{i=1}^{n} t_i} = \frac{n}{T^*} \tag{8.21}$$

即点估计值 $\hat{\theta}$ 为

$$\hat{\theta} = \frac{1}{\hat{\lambda}} = \frac{T^*}{n} \tag{8.22}$$

式中:T^*——产品子样寿命试验的总试验时间。

2. 截尾寿命试验数据的可靠性评估

对于长寿命的电子元器件使用完全寿命试验是不现实的,因此采用截尾寿命试验是较为节省时间的办法,即将试验进行到一部分失效为止。截尾寿命试验按照方式不同可分为定数截尾和定时截尾,在此基础上按试验过程中元件是否有替换,又可分为有替换和无替换试验。

1) 无替换定数截尾寿命试验

在 n 个样本寿命试验中,失效时间 $t_1,t_2,\cdots,t_n$ 相互独立且同为指数分布,其顺序量为 $t_{(1)}$,$t_{(2)},\cdots,t_{(n)}$。若预定在第 $r(r<n)$ 个发生失效时停止试验,$t_{(r)}$ 为一个随机变量,$t_{(1)},t_{(2)},\cdots,$

$t_{(r)}$ 为顺序统计量,则这种试验称为无替换定数截尾寿命试验。

总试验时间为

$$T_{r,n} = \sum_{i=1}^{r} t_{(i)} + (n-r)t_{(r)} \tag{8.23}$$

$t_{(1)}, t_{(2)}, \cdots, t_{(n)}$ 的似然函数为

$$L(\theta) = f(t_{(1)}, t_{(2)}, \cdots, t_{(n)}, \theta) \frac{n!}{(n-r)!} \left(\frac{1}{\theta}\right)^r e^{-\frac{T_{r,n}}{\theta}} \tag{8.24}$$

2)有替换定数截尾寿命试验

如果在定数截尾寿命试验中,把发生失效的样本更换或修复,继续试验到 $t_{(r)}$,则这种试验称为有替换定数截尾寿命试验。

总试验时间为

$$T_{r,n} = nt_{(r)} \tag{8.25}$$

其似然函数为

$$L(\theta) = \left(\frac{n}{\theta}\right)^r e^{-\frac{nt_{(r)}}{\theta}} = \left(\frac{n}{\theta}\right)^r e^{-\frac{T_{r,n}}{\theta}} \tag{8.26}$$

3)无替换定时截尾寿命试验

在 n 个样本寿命试验中,失效时间 $t_1, t_2, \cdots, t_n$ 相互独立且同为指数分布,其顺序量为 $t_{(1)}, t_{(2)}, \cdots, t_{(n)}$。若预定在 τ 时间停止试验,则失效数 r 为一个随机变量,$t_{(1)}, t_{(2)}, \cdots, t_{(r)}$ 为顺序统计量,这种试验称为无替换定时截尾寿命试验。

总试验时间为

$$T_{r,n} = \sum_{i=1}^{r} t_{(i)} + (n-r)\tau \tag{8.27}$$

4)有替换定时截尾寿命试验

如果在定时截尾寿命试验中,把发生失效的样本更换或修复,继续试验到 τ 时间,则这种试验称为有替换定时截尾寿命试验。

总试验时间为

$$T_{r,n} = n\tau \tag{8.28}$$

以上介绍的 4 种基本类型的截尾寿命试验都是假定失效时间可以立即并确切的获得,但实际上这种情况很难做到,因此只能进行定时间隔的测试。在这些实验中,可以把失效时间视为测试间隔的中点,但这样做会使估计结果存在一定的误差。

由上述四种基本类型的截尾寿命试验的数据可知,平均寿命为 θ、失效率 λ、在预定任务时间 t_0 内的可靠性 $R(t_0)$ 和预定可靠性 R_0 的可靠寿命 $t(R_0)$ 可由以下公式求得:

$$\hat{\theta} = \frac{T_{r,n}}{r} \tag{8.29}$$

$$\hat{\lambda} = \frac{1}{\hat{\theta}} = \frac{r}{T_{r,n}} \tag{8.30}$$

$$\hat{R}(t_0) = e^{-\frac{t_0}{\theta}} \tag{8.31}$$

$$\hat{t}(R_0) = \hat{\theta}\ln\frac{1}{R_0} \tag{8.32}$$

式中：r——失效数；

　　t_0——预定的任务时间；

　　R_0——可靠度。

$T_{r,n}$需要分清是属于哪一种寿命试验类型的数据。

例 8.2　某飞机元件，已知其寿命服从指数分布，现从该批产品中随机抽取 10 个，进行无替换截尾寿命试验。预定失效数 $r=5$ 时结束试验，失效时间分别为 $t_{(1)}=35$ h，$t_{(2)}=85$ h，$t_{(3)}=150$ h，$t_{(4)}=230$ h，$t_{(5)}=300$ h。求该批元件的 $\theta,\lambda,R(40),t(0.9)$ 的点估计。

解：总试验时间为

$$T_{r,n}=\sum_{i=1}^{r}t_{(i)}+(n-r)t_{(r)}=[35+85+150+230+300+(10-5)\times300]\text{ h}=2\,300\text{ h}$$

又

$$\hat{\theta}=\frac{T_{r,n}}{r}=\frac{2\,300}{5}\text{ h}=460\text{ h}$$

则

$$\hat{\lambda}=\frac{1}{\theta}=\frac{5}{2\,300}\text{h}^{-1}=0.002\,173\,91\text{ h}^{-1}$$

$$\hat{R}(t_0)=\text{e}^{-\frac{t_0}{\theta}}=\text{e}^{-\frac{40}{460}}=0.916\,717$$

$$\hat{t}(R_0)=\hat{\theta}\ln\frac{1}{R_0}=\left(460\times\ln\frac{1}{0.9}\right)\text{ h}=48.465\,8\text{ h}$$

从开始研究可靠性以来，指数分布一直得到广泛的应用，因为它计算简单，参数的估计容易，且失效率具有可加性。所以，当系统中各元器件的失效都服从指数分布时，其系统的失效时间也应服从指数分布。另外，概率论中已证明指数分布是唯一的具有"无记忆性"的连续分布。

8.3　威布尔分布的统计推断

8.3.1　威布尔分布的拟合优度检验

对于失效率是幂函数规则变化的情况，常用威布尔分布进行可靠性评估。威布尔分布的密度函数为

$$f_w(t;m,\eta,\delta)=\frac{m}{\eta}\left(\frac{t-\delta}{\eta}\right)^{m-1}\text{e}^{-\left(\frac{t-\delta}{\eta}\right)^m},\quad\delta\leqslant t,\quad m,\eta>0 \tag{8.33}$$

分布函数为

$$F_w(t;m,\eta,\delta)=1-\text{e}^{-\left(\frac{t-\delta}{\eta}\right)^m} \tag{8.34}$$

式中：m——形状参数，用于衡量寿命的离散程度；

　　η——尺度参数，又称特征寿命，是衡量寿命水平的单位尺度；

　　δ——位置参数，又称保证寿命，即在 δ 前不会失效。

当 $\delta=0$ 时，

$$f_w(t;m,\eta)=\frac{m}{\eta}\left(\frac{t}{\eta}\right)^{m-1}\mathrm{e}^{-\left(\frac{t}{\eta}\right)^m}, \quad t\geqslant 0, \quad m,\eta>0 \tag{8.35}$$

$$F_w(t;m,\eta)=1-\mathrm{e}^{-\left(\frac{t}{\eta}\right)^m} \tag{8.36}$$

威布尔分布的拟合优度检验方法主要有 F 检验法和 χ^2 检验法，以下内容主要讲解 χ^2 检验法。

若令

$$V_i=(r-i)(X_{(r-i+1)}-X_{(r-i)}), \quad i=1,2,\cdots,r-1 \tag{8.37}$$

则 $\frac{V_i}{\sigma}(i=1,2,\cdots,r-1)$ 是近似相互独立且同时服从标准指数分布的随机变量。根据指数分布的性质可知，$\frac{2V_i}{\sigma}(i=1,2,\cdots,r-1)$ 都是近似独立且服从具有自由度为 2 的 χ^2 分布。由巴特利特统计量可得

$$B^2=2(r-1)\lg\left(\sum_{i=1}^{r-1}\frac{V_i}{r-1}\right)-2\sum_{i=1}^{r-1}\lg V_i \tag{8.38}$$

$$c=1+\frac{r}{6(r-1)} \tag{8.39}$$

且 $\frac{B^2}{c}$ 是自由度为 $r-2$ 的 χ^2 变量。

如果给定显著性水平 α，由 χ^2 分布表可查得 $\chi^2_{\alpha/2}(r-2)$ 和 $\chi^2_{1-\alpha/2}(r-2)$，当

$$\frac{B^2}{c}<\chi^2_{\alpha/2}(r-2) \tag{8.40}$$

或

$$\frac{B^2}{c}>\chi^2_{1-\alpha/2}(r-2) \tag{8.41}$$

时，拒绝 H_0；否则，不拒绝 H_0。

例 8.3 抽取 20 个产品做寿命试验，开始 6 个失效时间（单位：h）分别为 7,2,15,24,25,48。需要检验这些数据是否来自同一双参数威布尔分布。

解：根据截尾样本数据，由式(8.37)计算

$$V_1=5(\ln 48-\ln 25)=5\ln 1.92=3.261\ 5$$

类似可得，$V_2=0.156\ 8$，$V_3=1.41$，$V_4=0.446\ 2$，$V_5=0.536\ 5$。

由式(8.38)和式(8.39)可知，

$$\begin{aligned}B^2&=2(r-1)\lg\left(\sum_{i=1}^{r-1}\frac{V_i}{r-1}\right)-2\sum_{i=1}^{r-1}\lg V_i\\&=2\times 5\times\lg\frac{5.811\ 0}{5}-2\times(0.531\ 5+1.195\ 3+\\&\quad\ 0.149\ 2+1.649\ 5+1.729\ 4)\\&=2.179\ 2\end{aligned}$$

$$c=1+\frac{r}{6(r-1)}=1+\frac{6}{30}=1.2$$

于是

$$\frac{B^2}{c} = \frac{2.179\,2}{1.2} = 1.816$$

取显著水平 $\alpha = 0.1$，可通过查 χ^2 分布表得 $\chi^2_{0.05}(4) = 0.711$，$\chi^2_{0.95}(4) = 9.488$。

由于 $0.711 < \dfrac{B^2}{c} < 9.488$，所以认为试验数据来自同一双参数威布尔分布。

8.3.2　威布尔分布的单元可靠度评估

当寿命为威布尔分布时，具有如下可靠性参数：

① 平均寿命与寿命方差：

$$E(T) = \mu_T = \delta + \eta\Gamma\left(1 + \frac{1}{m}\right) \tag{8.42}$$

$$V(T) = \sigma_T^2 = \eta^2\left\{\Gamma\left(1 + \frac{2}{m}\right) - \left[\Gamma\left(1 + \frac{1}{m}\right)\right]^2\right\} \tag{8.43}$$

② 可靠性：

$$R(t) = \mathrm{e}^{-\left(\frac{t-\delta}{\eta}\right)^m} \tag{8.44}$$

③ 失效率：

$$\lambda(t) = \frac{f_w(t;m,\eta,\delta)}{R(t)} = \frac{m}{\eta}\left(\frac{t-\delta}{\eta}\right)^{m-1} \tag{8.45}$$

④ 平均失效率：

$$\overline{\lambda(t)} = \frac{1}{t}\int_0^t \lambda(x)\mathrm{d}x = \frac{1}{t}\left(\frac{t-\delta}{\eta}\right)^m \tag{8.46}$$

$$\overline{\lambda^*(t)} = \frac{1}{t-\delta}\int_0^t \lambda(x)\mathrm{d}x = \frac{(t-\delta)^{m-1}}{\eta^m} = \frac{1}{m}\lambda(t) \tag{8.47}$$

⑤ 可靠性寿命与特征寿命：

$$t(R) = \delta + \eta\left(\ln\frac{1}{R}\right)^{\frac{1}{m}} \tag{8.48}$$

当 $R = \mathrm{e}^{-1}$ 时，其特征寿命为

$$t(\mathrm{e}^{-1}) = \delta + \eta \tag{8.49}$$

若 $T \sim f_w(t;m,\eta,\delta)$，则 $Z = \dfrac{T-\delta}{\eta}$ 的分布函数为

$$F_Z(z) = 1 - \mathrm{e}^{-z^m} \tag{8.50}$$

若 $T \sim f_w(t;m,\eta)$，则 $X = \ln T$ 服从对数威布尔分布，也称极小值 I 分布，其分布函数为

$$F_X(x) = 1 - \mathrm{e}^{-\mathrm{e}^{\frac{x-\mu}{\sigma}}}, \quad -\infty < x < +\infty \tag{8.51}$$

式中：μ——位置参数，$\mu = \ln\eta$；

$\quad\sigma$——尺度参数，$\sigma = \dfrac{1}{m}$。

若令 $Z' = \dfrac{X-\mu}{\sigma}$，则 Z' 为 $\mu = 0$，$\sigma = 1$ 的对数威布尔分布，又称标准对数威布尔分布，其分

布函数为

$$F_{Z'}(z') = 1 - e^{-e^{z'}} \tag{8.52}$$

设 $\hat{\theta}$ 是寿命分布中位置参数 θ 的估计量,若 $\hat{\theta}$ 满足以下条件:

① $\hat{\theta}$ 是子样的线性函数,例如从正态分布母体 $N(\mu,\sigma)$ 中抽取一个子样 $X_1,X_2,\cdots,X_n$,用子样的线性组合 $\overline{X} = \dfrac{1}{n}\sum\limits_{i=1}^{n}X_i$ 来估计 μ,其中 $\overline{X}$ 即为子样的线性函数。

② $\dfrac{\text{MSE}(\hat{\theta})}{\sigma^2}$ 与参数 μ,σ 无关,是一个常数,即 $\hat{\theta}$ 具有不变性,其中 $\hat{\theta}$ 对 θ 的均方误差为 $\text{MSE}(\hat{\theta}) = E(\hat{\theta}-\theta)^2$。

③ $\text{MSE}(\hat{\theta})$ 在 θ 的一切线性不变估计量中最小。

符合以上 3 个条件的 $\hat{\theta}$ 称为最佳线性不变估计(Best Linear Invariant Estimation,BLIE)。下面重点针对双参数威布尔分布、容量 $n \leqslant 25$ 的定数截尾子样情况进行分析。

对威布尔分布参数 m,η 进行点估计时,可利用式(8.51)将威布尔分布化成对数威布尔分布,然后对其参数 μ,σ 进行估计,然后根据 $\mu = \ln\eta$,$\sigma = \dfrac{1}{m}$ 得到 m,η 的估计。

设从威布尔寿命型产品中随机抽取 n 件产品进行寿命试验,试验到有 r 件产品失效时为止,失效时间依次排列为 $t_{(1)} \leqslant t_{(2)} \leqslant \cdots \leqslant t_{(r)}$,取自然对数后 $\ln t_{(1)} \leqslant \ln t_{(2)} \leqslant \cdots \leqslant \ln t_{(r)}$,因此威布尔的参数 μ,σ 的 BLIE 为

$$\tilde{\sigma} = \sum_{j=1}^{r} C_l(n,r,j)\ln t_{(j)} \tag{8.53}$$

$$\tilde{\mu} = \sum_{j=1}^{r} D_l(n,r,j)\ln t_{(j)} \tag{8.54}$$

若对 t_i 取以 10 为底的对数,则有

$$\lg t_{(1)} \leqslant \lg t_{(2)} \leqslant \cdots \leqslant \lg t_{(r)} \tag{8.55}$$

于是

$$\tilde{\sigma} = 2.302\,6 \sum_{j=1}^{r} C_I(n,r,j)\lg t_{(j)}$$

$$\tilde{\mu} = 2.302\,6 \sum_{j=1}^{r} D_I(n,r,j)\lg t_{(j)}$$

式中:$C_I(n,r,j)$——σ 的最佳线性不变估计权系数;

$D_I(n,r,j)$——μ 的最佳线性不变估计权系数。

对于不同的 n,r,这两个系数可查相关表获得。

m 与 η 的估计分别为

$$\begin{cases} \tilde{m} = \dfrac{1}{\tilde{\sigma}} \\[2mm] \tilde{\eta} = e^{\tilde{\mu}} \end{cases} \tag{8.56}$$

其中, $\widetilde{m}$ 是 m 的有偏估计, 对此作如下修正:

$$\widetilde{m}' = \frac{g_{r,n}}{1+l_{r,n}}\widetilde{m} \tag{8.57}$$

式中: $\dfrac{g_{r,n}}{1+l_{r,n}}$ ——修偏系数。

将所得的 $\widetilde{m}$ 与 $\widetilde{\eta}$ 代入式(8.42)~式(8.49), 并令式中的 $\delta=0$, 即可得到各种可靠度点估计。

例 8.4　设某产品的寿命服从威布尔分布, 现从一批中抽取 10 台, 试验到 6 台失效结束试验, 每台的失效时间分别为 277 h, 327 h, 341 h, 373 h, 405 h, 470 h, 试用 BLIE 方法求 m, η, $t(0.95)$, $R(140)$ 的点估计。

解: 已知 $n=10, r=6, t_{(j)}$ 如题干所示, 数据如表 8.1 所列。

将失效时间依次排列于表 8.1 中的第 2 列, 将失效时间取对数, 列于表 8.1 中的第 3 列。

查表 8.1, 在 $n=10, r=6$ 行中查出 $C_I(10,6,j)$, $D_I(10,6,j)$, 分别列于表 8.1 第 4 列和第 6 列。

分别计算 $C_I(10,6,j)\ln t_{(j)}$ 和 $D_I(10,6,j)\ln t_{(j)}$, 将计算结果分别列于表中的第 5 列和第 7 列。

将表 8.1 中第 5 列和第 7 列数据分别代数相加, 得 $\widetilde{\sigma}=0.2510$, $\widetilde{\mu}=6.1875$。

通过查相关修偏系数表, 得到修偏系数 $g_{6,10}=0.8342$, $l_{6,10}=0.1658$。

然后分别计算 $\widetilde{m}$ 与 $\widetilde{\eta}$:

$$\widetilde{m} = \frac{1}{0.2510} = 3.98406$$

$$\widetilde{m}' = \frac{g_{6,10}}{1+l_{6,10}}\widetilde{m} = \frac{0.8342}{1.1658}\times 3.98406 = 2.85083$$

$$\widetilde{\eta} = e^{\widetilde{\mu}} = e^{6.1875} = 486.628$$

代入式(8.48)和式(8.44)得

$$t(0.95) = \eta\left(\ln\frac{1}{R}\right)^{\frac{1}{m}} = 486.6\left(\ln\frac{1}{0.95}\right)^{\frac{1}{3.98}} = 199 \text{ h}$$

$$R(140) = e^{-\left(\frac{t-\delta}{\eta}\right)^m} = 0.9843$$

表 8.1　威布尔分布计算数据表

j	$t_{(j)}$	$\ln t_{(j)}$	$C_I(10,6,j)$	$C_I(10,6,j)\ln t_{(j)}$	$D_I(10,6,j)$	$D_I(10,6,j)\ln t_{(j)}$
1	277	5.6240	−0.1500	−0.8436	−0.0580	−0.3262
2	327	5.7900	−01505	−0.8714	−0.0396	−0.2293
3	341	5.8319	−0.1369	−0.7984	−0.0125	−0.0729
4	373	53.9216	−0.1122	−0.6644	0.0223	0.1321
5	405	6.0039	−0.0757	−0.4545	0.0658	0.3951
6	470	6.1527	0.6253	3.8473	1.0221	6.2887

课后复习题

1. 简述可靠性分析的基本流程。

2. 指数分布的拟合优度检验有几种？分别是什么？χ^2检验法的基本内容是什么？

3. 指数分布的单元可靠度评估主要分为哪几类？分别是什么？

4. 威布尔分布的拟合优度检验有几种？分别是什么？χ^2检验法的基本内容是什么？

5. 威布尔分布的单元可靠度评估主要分为哪几类？分别是什么？

参考文献

[1] 陈希孺. 数理统计引论[M]. 北京:科学出版社,1981.

[2] 戴树森. 可靠性试验及其统计分析[M]. 北京:国防工业出版社,1984.

[3] 何国伟. 机电产品的可靠性[M]. 上海:上海科学技术出版社,1985.

[4] 肖德辉,肖德臣. 可靠性工程[M]. 北京:宇航出版社,1985.

[5] 曾天翔,等. 可靠性设计手册[M]. 北京:航空工业出版社,1987.

[6] 野中保雄,高金钟. 可靠性数据的收集与分析方法[M]. 北京:北京机械工业出版社,1988.

[7] 黄兴棣. 工程结构可靠性设计[M]. 北京:人民交通出版社,1989.

[8] 张骏华. 结构可靠性设计与分析[M]. 北京:宇航出版社,1989.

[9] 黄祥瑞. 可靠性工程[M]. 北京:清华大学出版社,1990.

[10] 王超. 机械可靠性工程[M]. 北京:冶金工业出版社,1992.

[11] 周源泉,翁朝曦. 可靠性增长[M]. 北京:科学出版社,1992.

[12] 贺国芳,瞿荣贞. 可靠性数据的收集与分析[M]. 北京:国防工业出版社,1995.

[13] 孔瑞莲. 航空发动机可靠性工程[M]. 北京:航空工业出版社,1996.

[14] 周源泉. 质量可靠性增长与评定方法[M]. 北京:北京航空航天大学出版社,1997.

[15] 程侃. 寿命分布类与可靠性数学理论[M]. 北京:科学出版社,1999.

[16] 董聪. 现代结构系统可靠性理论及其应用[M]. 北京:科学出版社,2001.

[17] 曾声奎. 系统可靠性设计分析教程[M]. 北京:北京航空航天大学出版社,2001.

[18] 郭波. 系统可靠性分析[M]. 北京:国防科技大学出版社,2002.

[19] 高社生. 可靠性理论与工程应用[M]. 北京:国防工业出版社,2002.

[20] 金星. 工程系统可靠性数值分析方法[M]. 北京:国防工业出版社,2002.

[21] 张志华. 加速寿命试验及其统计分析[M]. 北京:北京工业大学出版社,2002.

[22] 金星. 可靠性数据计算及应用[M]. 北京:国防工业出版社,2003.

[23] 李海泉,李刚. 系统可靠性分析与设计[M]. 北京:科学出版社,2003.

[24] 邱有成,解放军总装备部. 可靠性试验技术[M]. 北京:国防工业出版社,2003.

[25] 顾瑛. 可靠性工程数学[M]. 北京:电子工业出版社,2004.

[26] 金碧辉. 系统可靠性工程[M]. 北京:国防工业出版社,2004.

[27] 金星,洪延姬. 系统可靠性评定方法[M]. 北京:国防工业出版社,2005.

[28] 姜兴渭,宋政吉,王晓晨. 可靠性工程技术[M]. 哈尔滨:哈尔滨工业大学出版社,2005.

[29] 孙新利,陆长捷. 工程可靠性教程[M]. 北京:国防工业出版社,2005.

[30] 茆诗松,王静龙,濮晓龙. 高等数理统计[M]. 北京:高等教育出版社,2006.

[31] 《可靠性设计大全》编撰委员会. 可靠性设计大全[M]. 北京:中国标准出版社,2006.

[32] 苏秦.质量管理与可靠性[M].北京:机械工业出版社,2006.

[33] 王自力.航空可靠性工程技术[M].北京:国防工业出版社,2006.

[34] 贡金鑫,魏巍巍.工程结构可靠性设计原理[M].北京:机械工业出版社,2007.

[35] 金星,洪延姬.系统可靠性与可用性分析方法[M].北京:国防工业出版社,2007.

[36] 周正伐.航天可靠性工程[M].北京:中国宇航出版社,2007.

[37] 卢明银,徐人平.系统可靠性[M].北京:机械工业出版社,2008.

[38] 刘文.结构可靠性设计手册[M].北京:国防工业出版社,2008.

[39] 赵宇,杨军,马小兵.可靠性数据分析教程[M].北京:北京航空航天大学出版社,2009.

[40] 周正伐.可靠性工程基础[M].北京:中国宇航出版社,2009.

[41] 任立明.可靠性工程师必备知识手册[M].北京:中国标准出版社,2009.

[42] 赵东元,樊虎,任志久.可靠性工程与应用[M].北京:国防工业出版社,2009.

[43] 刘混举.机械可靠性设计[M].北京:国防工业出版社,2009.

[44] 方志耕.质量与可靠性管理[M].北京:科学出版社,2010.

[45] 周富林.质量与可靠性管理实务[M].北京:高等教育出版社,2010.

[46] 陆廷孝,郑鹏州.可靠性设计与分析[M].北京:国防工业出版社,2011.

[47] Michael G Pecht.可靠性工程基础[M].北京:电子工业出版社,2011.

[48] 杨振海,程维虎,张军舰.拟合优度检验[M].北京:科学出版社,2011.

[49] 赵宇.可靠性数据分析[M].北京:国防工业出版社,2011.

[50] 姜同敏.可靠性试验技术[M].北京:北京航空航天大学出版社,2012.

[51] 张志华.可靠性理论及工程应用[M].北京:科学出版社,2012.

[52] 刘混举,赵河明,王春燕.机械可靠性设计[M].北京:科学出版社,2012.

[53] 康锐.可靠性维修性保障性工程基础[M].北京:国防工业出版社,2012.

[54] 王金武.可靠性工程基础[M].北京:科学出版社,2013.

[55] 曾声奎.可靠性设计与分析[M].北京:国防工业出版社,2013.

[56] 王文静.可靠性工程基础[M].北京:北京交通大学出版社,2013.

[57] 崔胜谦.结构可靠性设计[M].北京:国防工业出版社,2014.

[58] 王海燕,唐润.质量可靠性理论与技术[M].北京:电子工业出版社,2014.

[59] 梁开武,曹庆贵,王若菌.可靠性工程[M].北京:国防工业出版社,2014.

[60] 胡启国.机械可靠性设计及应用[M].北京:电子工业出版社,2014.

[61] 工业和信息化部电子第五研究所,谢少锋,张增照,等.可靠性技术丛书:可靠性设计[M].北京:电子工业出版社,2015.

[62] 侯世旺,李梦群,温海骏,等.质量管理与可靠性[M].北京:国防工业出版社,2015

[63] 曾声奎,任羿.可靠性设计分析基础[M].北京:北京航空航天大学出版社,2015.

[64] 吕明华.可靠性工程标准化[M].北京:中国标准出版社,国防工业出版社,2016.

[65] 么娆.航空器可靠性工程[M].北京:国防工业出版社,2017.

[66] 王荣桥,胡殿印.发动机结构可靠性设计理论及应用[M].北京:科学出版社,2017.

[67] 安立周,张晓南,马昭烨,等.工程装备可靠性设计[M].北京:冶金工业出版社,2018.

[68] 王延荣,张小伟,袁善虎,等.航空发动机零件可靠性安全性设计[M].北京:航空工业出版社,2018.

[69] 王学文,李博,谢嘉成.机械系统可靠性基础[M].北京:机械工业出版社,2019.

[70] 杨彦明,等.航空装备可靠性数据建模与分析[M].北京:航空工业出版社,2020.

[71] 马小兵,杨军.可靠性统计分析[M].北京:北京航空航天大学出版社,2020.

[72] 徐功慧.多元装备系统可靠性新概论[M].北京:冶金工业出版社,2021.

[73] 钟建伟,宋全清.电力系统规划与可靠性[M].北京:科学出版社,2021.

[74] 史跃东.机械系统可靠性基础[M].北京:科学出版社,2022.